品質設計のための

確率・統計と 実験データの解析

楢原弘之・宮城善一 [著]

日科技連

まえがき

　確率・統計の概念は，「偶然性がもつ法則性」の発見を経て，近年では，最適化設計や物理シミュレーションの研究とも関連して，計算機による大規模自動設計などで応用され，著しい発展を遂げている．工学分野では，確率や統計の考え方や解析法を活用し，統合的な観点が必要とされる場面が多い．実用的な製品を世の中に出すためにどうすれば設計を確実にすることができるのか，あるいは，いったん市場に出した製品が故障も少なく，多くの人たちに喜んで長く使ってもらうために，部品構成や寸法をどのように決定すれば良いのか，などといった場面である．

　一般に確率・統計の教科書は数理的理解を主目的とした内容のものが多い．しかし，工学分野では，何らかのトラブルが起きた際，その現象を整理・理解するために確率・統計を利用するという使い方だけでは解決できないことが増えている．むしろ，統計的解析結果を設計活動に展開することが求められている．得られたデータでどのような解決策を導けば良いかを確率・統計を応用して，設計に反映させ展開していく視点が重要となる．製品の働きが実使用時にも十分確保されるように，設計段階で品質を作り込むことを前提とした設計方法が現在は当たり前になっている．この取組みを本書では「品質設計」の一つとして捉えている．品質確保の設計を行うためには，実験データのばらつきの存在と，その理解の前提としての確率・統計の基礎知識が必要となってくる．

　これらのことを踏まえて，本書は，理工学分野での実験データや調査データを有効活用し，実際に結果を導くための確率・統計の基礎と実験データの解析法，さらにその結果を設計に反映させるための考え方，方法についてまとめた．そのため，本書は学習すべき内容に応じて4部で構成している．各部の主な学習目標は以下のとおりである．

　　第Ⅰ部：理工系の実験計画と実験に伴う誤差の存在と統計的処理について理解する．

第Ⅱ部：設計の前提となる実験データのばらつきの概念を理解するうえで必要となる確率・統計の数理的基礎を理解する.

第Ⅲ部：製品設計において効果的な設計解を導くために，定量的な設計判断ができる方法として品質工学の考え方と実施方法を理解する.

第Ⅳ部：実験データ群からの標本調査と推定・検定など統計の科学的利用を理解する.

第Ⅰ部では，実験には現象を発見・確認するための実験とものづくりを前提とした実験があることを説明しているが，製品が実用上問題なく機能するためには，実使用時の環境下でも性能を発揮できるような技術開発，製品設計が必要となる．そのため，誤差の発生を抑える実験だけでなく，製品の機能の弊害となる要因を積極的に取り上げた実験とその結果を使用した設計が重要になる．この考え方による製品機能の設計方法として，第Ⅲ部に品質工学による最適設計の方法を紹介した.

本書を通じて，データ解析のための統計工学の理解とともに，実験効率が高く，質の高い結果が得られる実験を実現し，その目的を達成するために，①実験には必要性と目的がある，②実験にはばらつきがつきもの，③実験のデータ解析と結果の理解に統計工学の知識は関係する，④実験結果の質は実験計画の質に依存する，ことを認識してほしい.

確率・統計の数理的根拠についての詳細な学習には他書を参考にしていただきたい．本書により，理工系の学生が実際に実験計画からデータの統計的解析と結果の活用まで，確率・統計の総合的な理解と実際の活用までの取組みができるようになることを期待する.

本書は，理工学系の学生の基礎知識習得要件に対する最近の産業界の要請を踏まえて，筆者らが行っている講義内容を中心にまとめたが，第Ⅰ部の内容は，筆者(宮城)が共著で上梓した『実験とデータ解析の進め方』(日科技連出版社)を改稿したもので，その許諾をいただいた共著者の立林和夫氏に感謝したい.

最後に，本書の企画から編集・校正まで一貫してお世話になった日科技連出版社の鈴木兄宏氏に，この場を借りて感謝の意を表したい.

2017 年 3 月吉日

楢原　弘之・宮城　善一

品質設計のための確率・統計と実験データの解析
目 次

第Ⅲ部　統計の工学的利用

第Ⅳ部　統計の科学的利用

付　　表

第 1 章

実験の意味と分類

実験を実施するにあたり，科学的現象の発見・解明や考察するうえで，また実験結果を工学的なものづくりや品質設計に反映させるうえで，実験の必要性と目的を考えることが大事である．この章では，実験の成果を活用できるデータを得るための適切な実験計画と実験の役割について考える．

1.1　実験と測定

実験とは，「ある条件を人為的に作り出し，その結果を観察あるいは測定すること」と説明されるが，実験が自然科学の中で実施できることは，対象とした現象の**再現性**を前提としている[1]．実験に関する用語の使い方として，工学的には JIS(日本工業規格)において**測定**と**計測**を使い分けている．測定とは，「ある量を，基準として用いる量と比較し，数値又は符号を用いて表わすこと」，計測とは，「特定の目的をもって，事物を量的にとらえるための方法・手段を考究し，実施し，その結果を用い所期の目的を達成させること」と定義されている[2]．言い換えると，測定は量をとらえる手段で，それに対して計測は結果を活用するまでの行為が含まれることを意味している．

1.2　実験の分類

1.2.1　目的からの分類

実験では目的と，その背景となる必要性を考える．実験の必要性とは，自然

科学の現象解明の興味や，ものづくりにつながる社会的ニーズなど，実験の動機づけのことである．また，実験の目的とは，実験結果を活用し，具体的な成果として目指すことを意味している．大切なことは何のために実験を行うかを考え，その結果として何を得たいかを熟考することである．これらを踏まえて実験の計画と準備を行い，実験の実施に移ることが必要である．実験終了後に，多くの実験データはあるが，そこから必要な結果を導き出せないということもある．これは，実験計画段階で考えるべき目的が曖昧であったことで，実験条件の設定が本来の目的から離れていたことも理由として考えられる．

実験は，その目的や背景から，科学的実験と工学的実験に分類できる．

科学的実験では，「理論的に予測された現象が確認できるのかどうか」を知るための検証型実験を目的とすることが多いが，「ある条件でどのような現象が起きるのか」を知るための発見型実験も行われる．どちらの目的でも，実験の成果を活用することで，現象の解明や新たな理論の展開につながることが期待される．科学的実験では，一般には，現象の発生を妨げる条件をできる限り排除し，他の条件を一定にすることで現象の再現を目指す．

それに対して**工学的実験**では，実験で検証・発見した結果を利用した，新しい技術・製品開発や，改善を目的とすることが多い．このため，ある一定の条件下だけで期待する結果が得られても，成果を利用するときに環境変化などで効果が出ないのでは製品が働かないことになる．そこで，工学的実験では，実用上の条件を考慮して，広い条件下で結果の再現性を検証することが必要となる．このように，科学的実験と工学的実験では，実験条件の決め方や考え方に違いがあるので，目的に応じた実験計画を強く意識することが大事である．

1.2.2　実施方法からの分類

実験を実施する方法で分類すると，実際に測定を行い測定データで解析を行う**実物実験**と，現象をモデル化してデータを収集・解析する**模擬(シミュレーション)実験**とがある．模擬実験は，次のような場合に行われる．

① 現象が理論的に解明できていないので，実験条件を決められない．
② 理論は構築されているが，実験環境の用意が困難で実データによる検証ができない．

③　理論上の変数の変動に対する現象の変化を把握したい.

④　検証したい対象の規模が大きく，実験環境を整えるのが困難である.

　模擬実験では，主に理論にもとづいた数学的モデルによる実験が行われる. 多くの場合，現象がコンピュータ上で CAE(Computer Aided Engineering)や CAT(Computer Aided Testing)などのソフトウェアによって実現される. これらにより，実物実験なしに，例えば，機械工学の分野では，実現が困難な条件下での応力分布や熱分布などの現象を詳細に解析することができる. また，実験対象物が実物では相当大きい場合，あるいは化学プラントのように大規模である場合には，直接実物サイズでの実験はできないことが多い. こうした場合に，実験室規模でのスモールスケールで行う実験も模擬実験の一つである. 模擬実験は理論と実際を重ね合わせて考察するうえで，また，実験の効率化を図るうえで効果的な実験手段である. その結果の信頼性は，適用するモデルの正確性や妥当性の影響を受けるので，実験計画と同様に，モデルの構築と選択を行うときには十分な検討が必要である.

　以上のように，実験にはさまざまな目的と方法があり，言葉としての実験の種別，分類は便宜的なものであるが，実験の分類を理解することは，実験の目的を明確にして，その目的に沿った具体的な実験手段を考えることにつながる.

1.3　ま　と　め

　多くの実験データから目的に合致した結果を引き出すためには，**第 II 部**以降で学ぶ，確率・統計の知識とその活用が必要となる. しかし，もともと実験計画の段階で目的が曖昧で，目的が意図するものと違っていたりすると，いくら統計的な解析をしても適切な結果を導くことが難しいことがあるので，この章では，実験を計画するうえで重要な実験の役割と目的の考え方を整理した.

参 考 文 献

[1]　八杉龍一：『新版 科学とは何か』，東京教学社，1991.

[2]　日本規格協会(編)：「JIS Z 8103：2000 計測用語」，『JIS ハンドブック品質管理 2015』，日本規格協会，2015.

第 **2** 章

実験の準備と誤差の理解

　実験では，データを収集するための条件を設定して測定を行う．このとき，実験条件の設定時や測定において必ず誤差が伴うため，得られたデータは常に誤差が含まれていることになる．実験後は，測定した値を議論・考察して，その成果をさまざまな場面で使用するので，得られた値に含まれる誤差の大きさの程度を知ることは，実験結果の信頼性を確保するうえで大事なことである．この章では，実験で発生する誤差を低減するための準備と実験誤差の種類を説明する．誤差の分布や統計的な考え方と処理の方法の詳細は，**第 II 部**以降で説明する．

2.1　実験の準備[1]

　実験で得られたデータの信頼性を確認するためには，実験計画の段階で，実験で求めたいこと，その結果から考察したいことを明確にすることが重要である．実験の実施にあたっては，多くの事前の確認事項があるが，以下は実験計画にかかわる主な準備事項である．

①　測定変数の選択（測定値（特性値）の選択）

②　測定範囲と実験規模の決定（目的に沿った議論や考察を行ううえで必要なデータの収集範囲の決定）

③　実験・測定環境の決定

④　実験設備や測定機器の選択（実験で使用する計測機器や試験装置の選択，必要精度や分解能，装置の周波数応答性など，仕様の選択）

(1) 測定変数の選択

実験結果を考察するうえで必要な情報を得るために，事前に何を**測定変数**とするのかを決める．例えば，ばねに加える力を F，ばねの伸びを x，ばね定数を k とすると，その関係はフックの法則では $F = kx$ で表されるが，ばねの設計に必要なばね定数を実験的に求める場合，変位 x を変化させるより，F を変化させて変位 x を測定するほうが容易な場合もある．このように，最終的に求めたい変数の選択と測定方法は，目的と測定の制約条件から判断することになる．

なお，**測定値**とは「測定によって求めた値」のことをいい(JIS Z 8103「計測用語」)[2]，結果として数値で表される．数値では表せない定性的なものも含めて，測定対象物が有する特徴的な性質を**特性値**という．実験には必ず計測・試験が伴うが，工学的には，**計測特性**を**目的特性**と**代用特性**に分けて考えることがある．目的特性は，実験本来の目的を達成するために知りたい特性であり，測定対象の基本的な働きに関係する測定量である．それに対して，代用特性は，目的特性としての測定量が直接には求められない場合，測定対象の現象を把握し解析するうえで代用となる特性である．

実験の目的を達成するためには，事前に，どのような特性を測定するかを十分に検討しておくことが重要である．例えば，筆記具の「書きやすさ」の評価を目的とする実験では，「書きやすさ」は目的特性である．筆記具は人が直接使用するので，官能試験では「書きやすい」，「書きにくい」など，定性的表現で評価することがある．この特性は，使用者の感覚によって表現される特性であり，製品を使用するうえで重要な特性ではあるが，設計に反映させるための具体的な定量的情報が不足している．筆記具の感覚特性としての「書きやすさ」は，握りやすさを決める外形など多くの特性が影響する複雑な特性であるが，設計を具体的に行うためには，定量的な値で表現できる特性があると良い．例えば，筆記具の筆記抵抗は力の単位をもつ測定量となり，具体的な対策をとりやすくなる．これらの定量的な値が測定できるかどうかは，**第Ⅲ部**で学ぶ品質工学のパラメータ設計のなかで，対象となる技術や製品の基本機能を考えることにつながる．

プリンターや複写機の用紙送り機構の設計では，用紙が正確に搬送されない

ミスフィードや，複数枚送られる重送が発生しない設計を目指す．このための実験において設計条件の違いによる効果を確認するために，用紙送り量や用紙送り速度などの代用特性が測定される．ミスフィードと重送は，成功／失敗という0か1かの目的特性であり，設計条件の違いの効果を知るうえでは，感度の悪い特性である．

(2)　測定範囲と実験規模

　測定範囲と測定回数は，現象の変化を適切に把握するうえで注意が必要である．図2.1に示すように，変数x（横軸）の変化に対して，測定値y（縦軸）が過渡現象のような結果を示す場合を考える．実験は費用や期間などの制約条件下で行われるので，ほとんどの場合，限られた範囲の測定結果で現象を考察することになる．このとき，変数xをx_1，x_2，x_3のように選択した場合（図2.1の測定範囲A），測定値yは$y_1 < y_2 < y_3$と大きく変化する．それに対して，変数xをx_4，x_5，x_6と選択した場合（測定範囲B），測定値y_4，y_5，y_6はほとんど変化しない．同じ測定対象であっても，測定範囲Aの実験では変数xは測定値yに対して影響が大きいと判断し，測定範囲Bの実験ではその影響はないと判断するであろう．

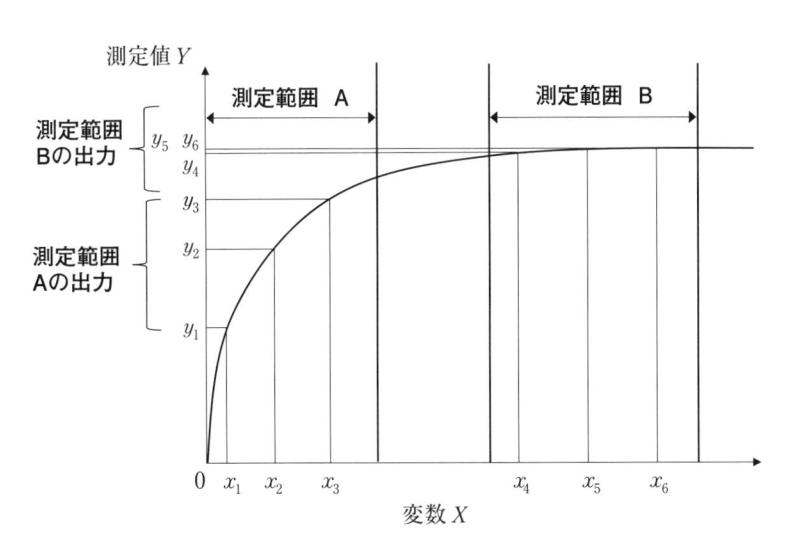

図2.1　測定範囲と測定結果

記述統計にもとづく実験結果のデータ処理

　検証実験のように，現象が事前に予測できる場合や理論から測定値が変化する傾向を推定できる場合には測定範囲は決めやすい．しかし，初めての実験では，測定範囲によって結果を考察できる範囲が限られるので，その選択には注意が必要である．このような場合には，変数の影響を事前に把握するため，初めは比較的広い範囲で測定値全体の変化を把握する実験を行い，その結果を踏まえて測定範囲を狭めて詳細な測定点での実験を行うこともある．実際には事前の実験ができないことも多いので，その場合は，過去の事例や理論，あるいは技術的経験から適切な測定範囲を決める．

　測定は繰り返し回数が多いほど精度が良くなるが，それは2.2節で述べる誤差のなかでは，ランダムに発生する偶然誤差に関するものである．何らかの理由で測定値に偏りがあるときには，測定を繰り返しても，その影響を減らせない．そのため，偏りがある場合には，実験手続きや技術的な理由を探り，偏りを取り除く対策をとる必要がある．

　実験結果の信頼性は，一般にはデータ数に依存することが多いが，実際には実験規模の制限もあり，測定回数を多くとれないこともある．その場合は，複数の変数をうまく組み合わせて実験を行うことで，変数の影響を効率良く検出することもできる．これは，統計工学の考え方にもとづく実験計画法の活用が効果的である．

(3)　実験・測定環境の決定

　実験を実施する際，実験データの変化やばらつきに影響する実験室の温度，湿度，クリーン度などの環境制御が必要である．特に，温度の影響を受けやすいものを測定対象とする実験の場合，実験装置の設置場所を定められた温度に制御することが求められる．JIS Z 8703 では，試験場所の標準状態[3]を以下のように規定しているので，この条件を参考にするとよい．

- 標準状態の温度：試験の目的に応じて20℃，23℃または25℃のいずれかとする．
- 標準状態の湿度：相対湿度50％または65％のいずれかとする．
- 標準状態の気圧：86 kPa 以上 106 kPa 以下とする．

温度の影響に関しては，例えば100 mm 鋼製の棒状部品の長さを測定する場

合，材料のもつ固有の熱膨張特性から，標準温度 20 ℃から 1 ℃だけ変化すれば約 1 μm 程度の寸法変化が生じる．樹脂などの高分子材料の熱膨張係数はさらに大きく，寸法測定においては温度環境の影響を受けやすいので，温度管理は実験を行ううえで重要である．

(4)　実験設備や測定機器の選択

実験で要求される測定値の桁数や測定精度に応じて，使用する実験装置，測定機器を適切に選択する必要がある．測定器の**識別限界（分解能）**は，測定器において，出力に識別可能な変化を生じさせることができる入力の最小値のことである[2]．例えば，加工部品の寸法測定において，部品間の寸法差が 10 μm の桁で発生する場合，この桁と同じ分解能の測定器やセンサーでは，部品間の差を識別することはできない．部品間の加工寸法精度の差の有無を判定するには，10 μm より高い測定分解能をもつ測定器を使用する必要がある．

同じ測定対象に対して仕様の異なる計測器の信号入力と出力の関係として，**図 2.2**(a)，(b)，(c)，(d)が得られた場合，使用する測定器としてどれが適切かを判断する必要がある．図の横軸は入力信号 M で縦軸は出力 Y である．**図2.2**(a)と(b)，(c)と(d)はそれぞれ出力の感度は同じであるが，出力データのばらつきが違う．計測器としては出力の傾きの大きいほうが感度は高く，入力量に対して出力差を検出しやすい．また同じ感度であっても出力データのばらつきが小さければ測定精度が高く，出力差の検出結果の信頼性も高くなる．したがって，**図2.2**の結果では，感度の観点からは(a)と(b)の計測器が良く，ばらつきの観点からは(a)と(c)の計測器の選択が適切である．ここで，(b)と(c)はどちらが良いか判断が難しい．このような場合は，感度とばらつきの大きさの程度の比を選択の判断の指標とすることが必要となる．この指標は，**第Ⅲ部**の品質工学で扱う評価特性の SN 比に相当する．

上記の項目を検討したうえで，実験で使用する測定機器や実験装置を決定し調達する．以上の実験準備ができたら，改めて実験の必要性と計画遂行のための予算と人員，必要時間などを確認する．多くの場合は，実験の実施期間や予算の制限があるので，その条件下で実施できる最適な実験規模を検討する．

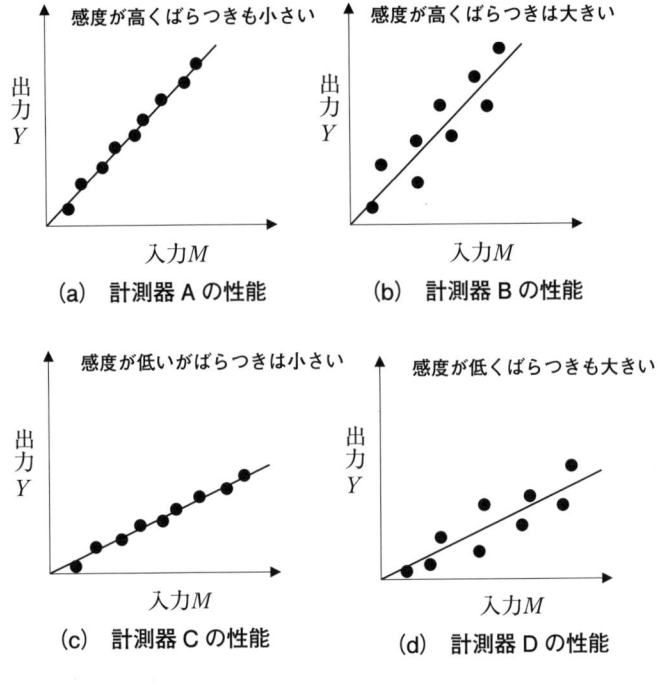

図 2.2　計測器の信号の入力と出力

2.2　誤差の種類

2.2.1　偶然誤差と系統誤差

実験では，結果の信頼性を確保するために，通常は繰り返し測定を行うが，そのとき多くの場合に測定値はばらつく．図2.3は，実験(a)，(b)，(c)で測定をそれぞれ繰り返し3回行ったときの測定結果をプロットした例である．(a)は真の値(中心値)からほぼ同じ距離離れたところにデータが集まり，繰り返しは良いが真の値(中心値)からずれている．(b)はデータがすべて真の値(中心値)の周りにあり，(c)は3回のデータが真の値(中心値)から離れたところにばらばらに分布している．このように，測定結果には繰り返しでランダムに発生する誤差と，中心から一定のずれが発生する偏りの誤差があることがわかる．

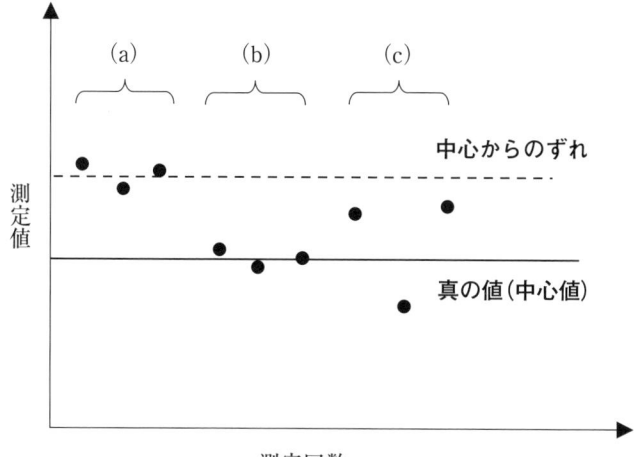

I

記述統計にもとづく実験結果のデータ処理

(a) 偏りはあるがばらつきが小さい.
(b) 偏りはなくばらつきも小さい.
(c) 偏りは小さいがばらつきが大きい.

図2.3　繰り返し測定の分布

　このように,実験条件や測定をきちんと管理しても,管理しきれなかったものが測定結果に影響を及ぼすことが多く,それらを**誤差**(error)と呼んでいる.誤差は JIS Z 8103「計測用語」では,「測定値から真の値を引いた値」として定義を規定している[2].すなわち誤差は,

　　　　誤差 = 測定値 − 真の値

で求められることになるが,実際には真の値が不明なので,誤差を求めるためには実データの平均値や理論的な中心値などを使用して誤差を求めている.

　誤差には主に**偶然誤差**(random error)と**系統誤差**(systematic error)がある[1][2].偶然誤差は測定値のばらつきとなって現れる誤差で,実験するときに常に存在し,その結果として実験で得られる値は「真の値」の周りでばらつく.ここで**ばらつき**(dispersion)とは,測定結果のふぞろいの程度をいい[2],その大きさは標準偏差で表している.偶然誤差を生み出す原因を特定することは難しいが,例えば,条件設定や実験環境の変動などが挙げられる.

　一方,系統誤差とは,**図2.3(a)**のように,測定結果に**偏り**(bias)を与える原因によって生じ,真の値から偏りをつくる誤差である.その原因は,実験条件

の設定の偏りや計測器固有の系統的な誤差などである．この系統誤差には，**加算誤差**と**比例誤差**がある．これらには再現性があり，加算誤差の場合は真の値から一定値を，比例誤差の場合は真の値に応じた比例的な偏りを与えている．加算誤差は，対象の値の誤差変化が特性値に依存しない場合が該当し，その例として，工作機械の位置決めや，寸法測定機など計測器の指示値のずれなどが挙げられる．比例誤差は，対象となる特性値の値が大きくなるとともに誤差も大きくなる場合に該当し，その例として，出力電力，発信周波数，電気特性などが挙げられる．

　偶然誤差は，再現性がなく発生を予測できない誤差であるが，何度も繰り返して測定し平均値を求めることによって小さくできる性質をもち，系統誤差は繰り返して平均しても小さくできない性質をもつ．

　ばらつきと偏りの大きさの程度を意味する，**精密さ**，**正確さ**，**精度**の意味は，工学分野において実験結果を議論・考察するうえで重要な概念であるので，しっかりと理解しておきたい．工業規格で規定されている定義を以下に示す[2]．**第Ⅲ部**では，誤差の統計的な取扱いについて詳細を説明する．

- 精密さ(precision)：ばらつきの小さい程度
- 正確さ(trueness)：偏りの小さい程度
- 正確度(trueness)：推定した偏りの限界の値で表した値
- 精度(accuracy)：測定結果の正確さと精密さを含めた，測定量の真の値との一致の度合い．

2.2.2　量子化誤差

　測定データをコンピュータで収集・解析をするためには，アナログ波形信号として得られた測定値をデジタル波形信号に変える必要がある．**図 2.4** は，データのサンプリングと量子化を説明した図である．時間経過で変化する波形データにおいて，一定時間ごとに信号を分割してデータを収集することを**サンプリング**といい，波形信号の出力を連続的な量の大きさを区間で区分し，各区間を同じ値とみなし離散化することを**量子化**という．この量子化に伴う誤差を**量子化誤差**という[2]．

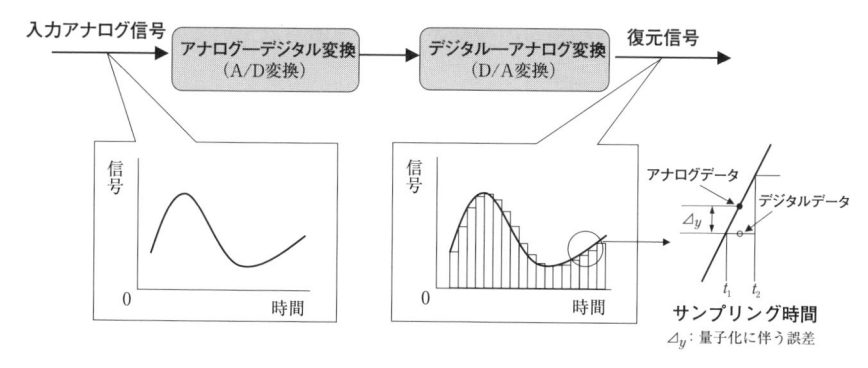

図 2.4　データの量子化と量子化誤差

2.3　計測の不確かさ[4]

　計測の不確かさ(uncertainty)の表現は，測定方法全体の正しさの程度の表現として，以前は「不確実性」などの表現で使用されていたが，1993 年に計測に関連する国際機関から発行された国際文書「計測の不確かさの表現のガイド」によって，不確かさの表記の方法が規定された．定義された不確かさの表記とは，測定値のばらつきだけでなく，測定方法，測定機器の仕様，測定環境など，測定結果のばらつきに影響を及ぼすと考えられる要因の影響を見積もり，総合したばらつきの程度を測定値に付記することである．このように不確かさは計測結果の信頼性の統一した表現として定められた．一般に測定結果の不確かさは，その数値の見積り方法によって次のカテゴリーに分類されている．

- A タイプ：統計的方法によって評価されたもの
- B タイプ：その他の手段によって評価されるもの

　A タイプは，実際に取得したデータから求めたもので，B タイプは，使用した測定器の仕様書やハンドブックなど不確かさに影響を及ぼすと思われる要因の既存資料から推定することが認められたものである．

　不確かさの推定方法の概要は以下のとおりである．

① 　不確かさの成分(測定値を求める際にばらつきに影響を与えると予想される要因)を取り上げる．

② 　不確かさの各成分を標準不確かさ u (標準偏差)として求める．B タイ

プでは，使用した測定器の仕様書などに記載されている値を引用し，ば
らつきの分布を推定する.

③　不確かさの各成分の標準不確かさ u_i を合成して，下式で合成標準不
確かさ u_c を求める. この際，合成標準不確かさに対する影響を無視で
きない要因は，できるだけ取り上げる($i = 1, 2, 3, \cdots, m$ は，不確かさ
の推定に取り上げた標準不確かさの要因の数).

$$u_c = \left[u_1^2 + u_2^2 + u_3^2 + \cdots + u_m^2 \right]^{1/2}$$

例えば，テスターで電圧測定を行ったときの不確かさは，実際の繰り
返し測定で発生したばらつきから求めた A タイプの標準不確かさと，
使用したテスターの既知の性能から求めた B タイプの標準不確かさを
加算した値で表す.

④　合成標準不確かさに包含係数 k を掛けた拡張不確かさ U を下式で求
める. k の値は合成標準不確かさを構成する推定値が正規分布に従うと
仮定した場合の信頼水準に相当し，主に $k = 2, 3, 4$ をとるが，多くの
場合その値が約 95 % となる $k = 2$ で十分な信頼水準である. 不確かさ
を拡張不確かさで表記する際は，包含係数 k の値も併記する.

$$U = k u_c$$

計測の不確かさの表記は，主に相互認証が必要な計量標準にかかわる値に対
して付記することが国際的に厳しく要求されているが，計測や試験，および分
析結果の信頼性の表記の方法としても注目されている.

2.4　校　　正

実験で使用する実験装置や測定器の誤差を小さくするには，校正を行う必要
がある. **校正**とは，測定器の狂いを修正し，誤差を最小に保つことである. 例
えば電圧測定で，テスターが無負荷の状態でゼロを指していないときはゼロ点
合わせをするが，この作業も校正の一つである.

校正には**点検**と**修正**がある. 点検は標準を用いて計測器の狂いの状態を知る
ことで，修正は計測器の狂いを直すことである. 一般には点検と修正を校正作

業として行うが，計測器の使用方法や目的に応じて，一方だけ行う場合もある[5][6]．

　計測器のずれは，テスターの事例のようにゼロ点だけでなく，測定範囲全体で読み値が偏っている場合や感度がずれている場合などがある．**図2.5**は横軸を計測器に対する入力信号，縦軸を読み値とした場合の計測器で発生する誤差の例である．このほか，計測器の入力値の増加と減少で読み値が異なるヒステリシスや，読み値が繰返しで変わってしまう誤差もある．**図2.5**の例では，(a)の場合はゼロ点が偏っているのでその偏りを校正し，(b)の場合は出力の傾きを校正する．また，(c)のような場合には，実測値を使用して出力直線を求めるか，直線性が保証できる範囲での使用が望ましい．

　校正は，**2.2節**で述べた実験装置，測定器の系統誤差を小さくする手段であり，偶然誤差を小さくする手段ではない．しかし，系統誤差を小さく保つためには，実験装置や測定器を定期的に校正しなければならない．

　校正の主な目的の一つが計測機器に付随する誤差の低減であり，測定結果の信頼性を確保するうえで大事な作業である．この作業は計測器の系統的な偏りを修正するものであり，測定値に含まれる誤差は校正によってすべてが取り除かれるわけではなく，**2.2節**で示した繰り返し測定のなかで生じるような偶然性による誤差は除去できない．また，計測器は定期的な校正作業が必要であり，その回数を増すと校正後の誤差は小さくなる．しかし，校正作業にも費用がかかるので，許容できる誤差の程度と費用とのバランスで校正回数を決定することになる．

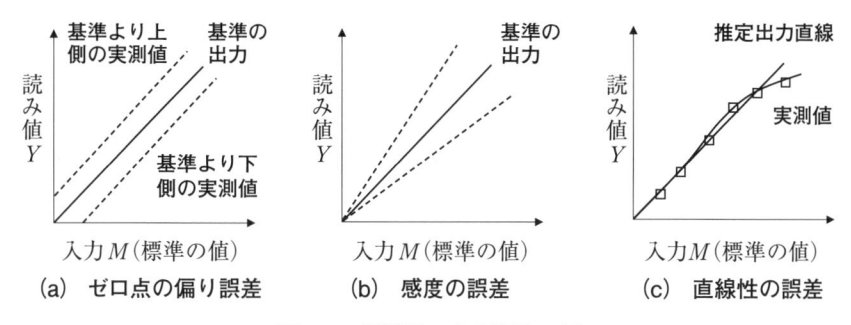

図 2.5　計測器の出力誤差の例

2.5 ま と め

　実験結果の質は，実験準備の丁寧さや計画の適切さで決まる．実験の準備として，実験目的に沿った実験因子や条件を選択し測定を行うが，測定結果を議論・考察し，その成果を使用するうえで，結果に含まれる誤差の意味や大きさの程度を知っておくことは，実験結果の信頼性を示すうえで重要なことである．

　この章では，実験計画にかかわるいくつかの準備事項の説明を通じて，実験準備の重要さを理解し，さらに，実験において発生する誤差の種類を学んだ．実験にかかわる誤差のなかで，特に偶然誤差と系統誤差の発生理由とその処理方法については，データを統計的に解析し考察するうえで十分な理解が必要である．

参 考 文 献

[1]　J. P. Holman : *Experimental Methods for Engineers, 7th edition*, McGraw-Hill, 2001.
[2]　日本規格協会(編)：「JIS Z 8103：2000 計測用語」，『JIS ハンドブック品質管理 2015』，日本規格協会，2015.
[3]　日本規格協会(編)：「JIS Z 8703：1983 試験場所の標準状態」，『JIS ハンドブック機械計測 2015』，日本規格協会，2015.
[4]　飯塚幸三(監修)，今井秀孝(訳)：『計測における不確かさの表現のガイド』，日本規格協会，1996.
[5]　田口玄一(編)：『校正方式マニュアル』，日本規格協会，1992.
[6]　日本規格協会(編)：「JIS Z 9090：1991 測定—校正方式通則」，『JIS ハンドブック品質管理 2015』，日本規格協会，2015.

第 3 章

偶然誤差の統計的処理[1][2]

　前章では誤差には偶然誤差と系統誤差があり，偶然誤差は，系統誤差の有無にかかわらず必ず存在する誤差であるが，何度も測定して平均値を求めることにより，誤差を小さくできることを説明した．この章では，偶然誤差の統計的処理の基本的な考え方を理解する．

3.1　測定の繰り返し

　ある測定や試験（例えば，加工部品の寸法測定や材料の引張り強さなど）を n 回実施して得られた測定値を $y_1, y_2, \cdots, y_n$ と表し，その結果をヒストグラムに示したものが**図3.1**(a)，(b)，(c)である．**ヒストグラム**とは，横軸にとった測定値の存在する範囲を等間隔 Δy でいくつかの区間に区切り，その区間に含まれるデータの数（頻度）を棒の高さで表したグラフのことである．**図3.1**(a)は $n = 100$ と少ないためにヒストグラムは粗いが，$n = 1000$，$n = 10000$ と n の数が増えるとグラフの形状は次第に左右対称のきれいなグラフに変わる．

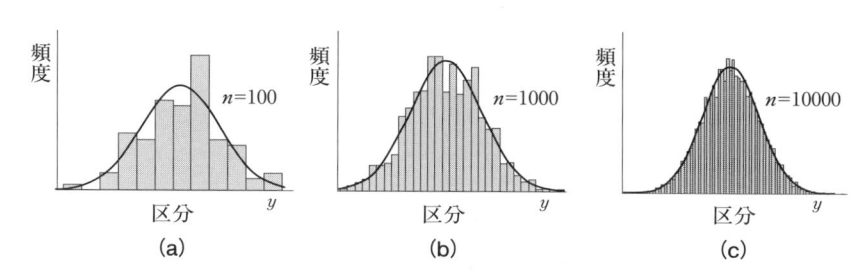

図3.1　測定結果のヒストグラムの変化

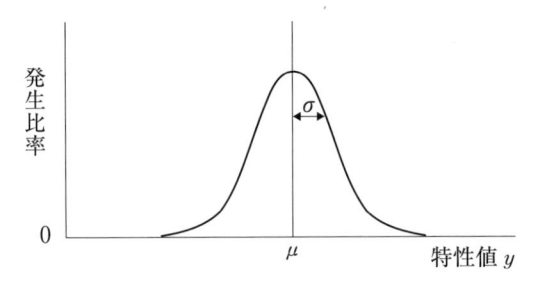

図 3.2　測定結果の分布

　さらに測定回数を無限に近いほど多くすれば，グラフは**図 3.2** のように，滑らかな曲線に近づいていく．この仮想的な無限回数の測定値のヒストグラムを**分布**と呼び，何らかの意味で同質性が仮定できる集団を**母集団**と呼ぶ．母集団の分布は，無限回数のときの頻度が無限大とならないように，Δy の範囲の頻度を全データ数 n で割り，発生比率 p_i に換算してある．このとき，$\sum p_i = 1$ である．

3.2　測定値の分布

　偶然誤差が従う分布としてよく知られるものに**正規分布**がある．正規分布は，値 y の発生比率が式 (3.1) で表される関数に従うものであり，**図 3.3** のような左右対称の山のような形をしている．

$$f(y) = \frac{1}{\sqrt{2\pi\sigma^2}}\, e^{-\frac{(y-\mu)^2}{2\sigma^2}} \tag{3.1}$$

　ある条件での測定値が**図 3.3** のように，平均 μ，誤差の大きさ σ（標準偏差）の正規分布に従うものとする．このとき，「n 回繰り返して測定する」とは，この分布に従う母集団から「ランダムに n 個を抜き取る」こととみなすことができる．

　このとき，n 個の測定値から求められる平均 $\bar{y}$ は，何度もこの作業を繰り返せば，**図 3.4** のように平均 μ，標準偏差 $\sigma/\sqrt{n}$ の正規分布に従うことがわかっている．

　すなわち，測定を何回か繰り返して平均をとれば，測定回数 n の $\sqrt{}$（平方根）に逆比例して偶然誤差の影響が小さくなることがわかる．

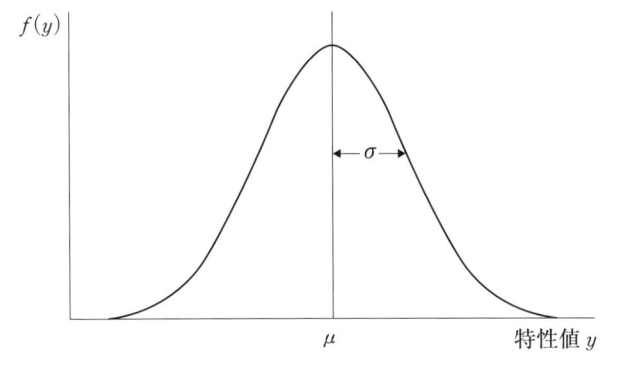

図 3.3　正規分布

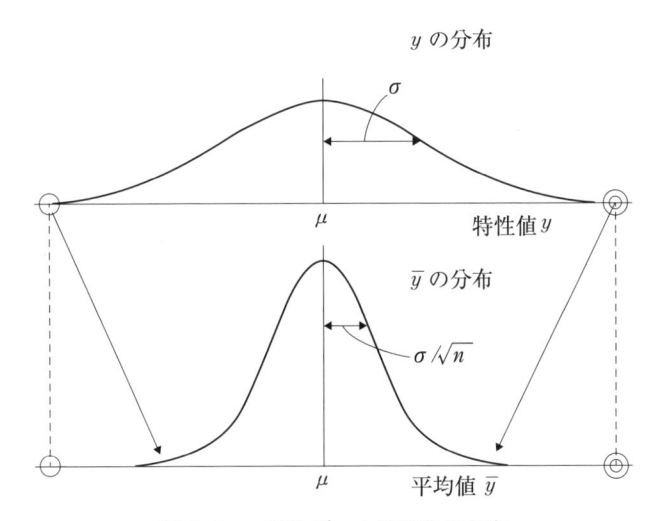

図 3.4　n 個のデータの平均の分布

いまここで，n 個の測定値から求めた平均 $\overline{y}$ を次のように規準化する．

$$u = \frac{\overline{y} - \mu}{\sqrt{\sigma^2/n}} \tag{3.2}$$

このとき，u は平均 $= 0$，標準偏差 $= 1$ の標準正規分布 $N(0, 1^2)$ に従う．

3.3　ま　と　め

この章では，実験では避けられない偶然誤差の発生分布として，正規分布の

右端の縦書き：記述統計にもとづく実験結果のデータ処理

概念を説明した. また, データ群の平均値の分布も正規分布に従うことを学んだ. 分布の大きさやその統計的な解析方法については**第II部**以降で学ぶ.

参 考 文 献

［1］　Squires, G. L. 著, 重川秀実, 山下理恵, 吉村雅満, 風間重雄訳：『いかにして実験をおこなうか』, 丸善, 2006.

［2］　永田靖：『入門 統計解析法』, 日科技連出版社, 1992.

第 4 章

相関と回帰

2種類の変数間の関係の強さと傾向は，相関分析や回帰分析を行うことで，関数モデルに従って詳細に考察することができる．この章では，相関と回帰の概念を学習する．

4.1 散布図と相関関係[1][2]

2種類の測定量 x と y の影響の関係を統計的に調べる手法を**相関分析**という．横軸に測定値 x，縦軸に測定値 y をとり，i 番目の測定値 (x_i, y_i) について，x_i と y_i を対にしてプロットした図を**散布図**という．**図 4.1** は，測定で得られ

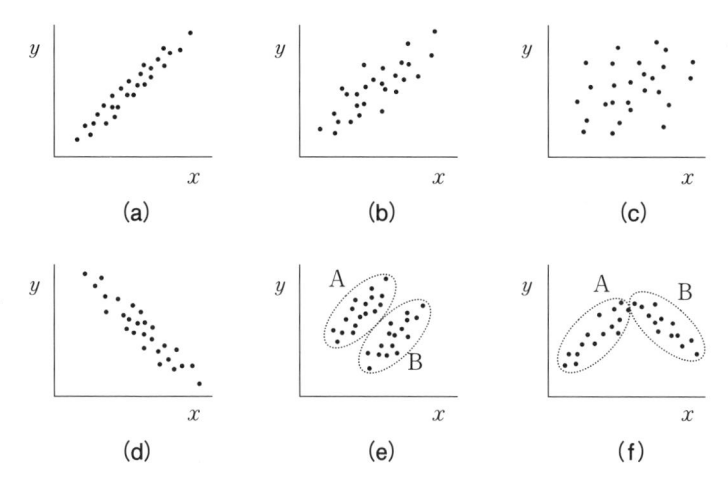

図 4.1　散布図のさまざまなパターン

る散布図の例を示したものである.

　図4.1の(a)と(b)は, x が増加すると y も直線的に増加している. これら
の図で表される x と y の関係は**正の相関関係**があるという. また(c)では, プ
ロットがばらばらに散っていて, x の変化に対する y の値に傾向がなく, x と
y の間に強い相関関係はないように見える. (d)は, x が増加すれば y は減少
しており, この関係は**負の相関関係**があるという.

　一方, 図4.1の(e)は x と y の関係だけを全体で見れば無相関であるが, デー
タを A 群と B 群に分けてプロットすれば, 両群ともに x と y との間に相関関
係が見られ, A 群は B 群よりも全体的に y の値が大きくなっていることがわ
かる. また(f)の場合は, A 群と B 群の区別がなければ, x と y の関係は非線
形で正か負の一方向の相関は認められない. しかし, 図のようにデータを層別
した結果で見ると, A 群では正の相関, B 群では負の相関があることがわかる.

　相関係数を求めて, 2 変数間の関連性を考察するために散布図は重要であり,
以下の事項を踏まえて描くと良い.

- 原因を横軸, 結果を縦軸にとる.
- R_x と R_y(R はレンジ)を求め, 軸のスケールを決定する.
- 層別要因があるときはプロットのマークを区別する.

さらに, 散布図からは以下について確認することが必要である.

- 点の散らばり方はどうか, 異常点はないか.
- 直線的関係か曲線的関係化か.
- 分布は正規分布とみなせるか.
- 相関係数は正か負か.
- 層別して検討してみる必要はないか.

4.2　相 関 係 数 [2]

x と y の関係の強さを定量的に表すためには, n 組のデータ (x_1, y_1), (x_2, y_2),
$\cdots$, (x_n, y_n) から, 次式により**相関係数** r (correlation coefficient)を求める.

$$r = \frac{S_{xy}}{\sqrt{S_{xx} \times S_{yy}}} \tag{4.1}$$

ここで, n を測定データ数とすると,

$$S_{xx} = \sum (x_i - \overline{x})^2 = \sum (x_i - \overline{x})(x_i - \overline{x}) = \sum x_i{}^2 - \frac{(\sum x_i)^2}{n} \qquad (4.2)$$

$$S_{yy} = \sum (y_i - \overline{y})^2 = \sum (y_i - \overline{y})(y_i - \overline{y}) = \sum y_i{}^2 - \frac{(\sum y_i)^2}{n} \qquad (4.3)$$

$$S_{xy} = \sum (x_i - \overline{x})(y_i - \overline{y}) = \sum x_i y_i - \frac{(\sum x_i)(\sum y_i)}{n} \qquad (4.4)$$

である．式(4.2)の S_{xx} は x の**偏差平方和**と呼ばれ，式(4.3)の S_{yy} は y の偏差平方和，式(4.4)の S_{xy} は xy の偏差平方和と呼ばれる．

式(4.1)で計算される相関係数 r は，

$$-1 \leqq r \leqq 1$$

を満たし，厳密ではないが1に近いほど正の相関が強く，逆に -1 に近いほど負の相関が強いことを意味する．また，$r \fallingdotseq 0$ のときは無相関を意味する．したがって，相関係数 r が0から ± 1 に近づくに従って2変数間の直線関係は強くなる．

図4.1の(a)と(b)は x と y には**正の相関関係**が認められるので，相関係数は0から1の間の値をとり，(d)は，**負の相関関係**が認められるので，相関係数は0から -1 の間の値をとる．

相関係数から，2変数間に直線関係があるかどうかを判断するためには，相関がないことを仮説として立てて，それが成立するかどうかの検定を行うことで判断することができる[2]．また，相関係数 r の2乗した値 r^2 を**寄与率**と呼び，次の範囲をとる．

$$0 \leqq r^2 \leqq 1$$

これより，2変数間で y の変動のうち x の変動で説明できる程度を推定することができる．例えば，$r = 0.6$ の場合，y の値の変動のうち x の影響が36％であることを示している．

相関は説明変数と目的(応答)変数を区別しない．また，相関係数 r の値は変数の測定単位を変えても影響を受けないが，データ群が大きく外れた少数の値に影響を受ける．

4.3 回帰式の概念[2]

測定量 x の変化が測定量 y の変化に影響を与える原因であると推定されるとき，x の値に対して y がとる値を推定したい場合，回帰分析によって2変数間の関数関係を求める．

いま，測定量 x と測定量 y はともに正規分布に従って変動する量であると考えると，このときデータ y_i の構造を次式で表すことができると考える．

$$y_i = \mu_i + \varepsilon_i \quad (\varepsilon_i \text{ は正規分布に従う}) \tag{4.5}$$

ここで，各 x_i における μ_i の値は，次の1次式に従うものと考える．

$$\mu_i = \alpha + \beta x_i \tag{4.6}$$

すると，式(4.5)は次式のように考えられる．

$$y_i = \alpha + \beta x_i + \varepsilon_i \quad (\varepsilon_i \text{ は正規分布に従う}) \tag{4.7}$$

このように1つの測定量 x によって別の測定量 y を記述することを**単回帰モデル**と呼ぶ．以下は回帰分析で使用される用語である．

- **説明変数**：その値を人為的に設定できる測定量(変数) x のことで，これを用いて目的変数の変化を説明する．目的変数とは強い相関あるいは因果関係をもっている必要がある．
- **目的変数**：測定量 y のことで，測定量(説明変数) x を制御することで，結果的にこの y を制御することを目的としているため，目的変数と呼ぶ．x の値が決まれば y の値が決まるので，従属変数と呼ぶこともある．
- **回帰直線**：$y = \alpha + \beta x$ のことをいい，α を**切片**，β を**回帰係数**と呼ぶ．y の式を説明する α と β は，データから推測する未知数となる．データから推測した α，β を推測値であることを示すために，一般には記号 $\hat{\ }$(ハットと読む)を付けて，$\hat{\alpha}$，$\hat{\beta}$ と記す．本によっては，α は β_0，β は β_1 と記されることもある．
- **予測値**：x をある値に設定したとき，y がとる値を推定したものをいい，切片 α と回帰係数 β のデータからの推測値を使用した $\hat{y} = \hat{\alpha} + \hat{\beta} x$ によ

り，$\hat{y}$ を求めたものをいう.

- **残差**：目的変数について，データの値と予測値との差のことで，i 番目のデータの場合，残差 e_i は，$e_i = y_i - \hat{y}_i = y_i - (\hat{\alpha} + \hat{\beta}x_i)$ となる.

- **重回帰モデル**：2つ以上の説明変数 x_1, x_2, $\cdots$, x_k（説明変数の個数 k 個）を使用して変数間の関係を定式化する場合は，次式で表される重回帰モデルを使用する.

$$y_i = \alpha + \beta_1 x_{1i} + \beta_2 x_{2i} + \cdots + \beta_k x_{ki} + \varepsilon_i \tag{4.8}$$

4.4 ま と め

　実験では，複数の変数を変化させて得られたデータから，変数間の関係を考察することが行われる．この章では，変数間の関係の強さと傾向を定量的に把握する方法として，相関と回帰の考え方と計算方法を学んだ．相関係数は変数間の関係を定量的に考察するうえで便利であるが，それを計算するデータ群から外れた少数の値に影響を受けやすいので，必ず散布図でデータ全体の分布状態を確認したうえで計算することが大事である.

演 習 問 題

[**演習 4.1**] 下表のデータについて，散布図を作成し，x と y の相関係数とその寄与率を計算せよ.

No.	x	y	No.	x	y
1	4.5	14.2	11	4.7	13.8
2	4.2	15.2	12	3.8	17.0
3	4.0	16.9	13	4.0	16.9
4	4.2	15.5	14	3.7	18.2
5	4.3	15.7	15	4.0	16.3
6	3.7	18.0	16	4.4	14.7
7	3.9	17.1	17	3.8	17.4
8	3.7	17.5	18	4.1	15.4
9	3.6	18.1	19	5.0	12.9
10	4.8	13.6	20	3.4	18.7

参 考 文 献

[1]　谷津進：『実験の計画と解析　基礎編』，日本規格協会，1991.

[2]　永田靖：『入門　統計解析法』，日科技連出版社，1992.

第 5 章

最小二乗法による関数の当てはめ[1][2]

　実験では，考察したい2つの変数を取り上げ，現象を考察するために一方の変数を変化させて他方を測定した結果から両者の関数関係を求めることを行う．このとき，両者の関係が直線関係ではない場合も多い．この章では，回帰分析の考え方にもとづき，2つの変数が直線関係を示す場合の回帰式の統計的な求め方を学習し，さらに，両者の関係が非線形の場合の実験式の求め方を学習する．

5.1　最小二乗法の理論[1]

　図5.1には，n 個の2つの変数 x_i, y_i の測定値の対 $(x_1,\ y_1)$, $(x_2,\ y_2)$, $\cdots$, $(x_n,\ y_n)$ がプロットされている．ここで，横軸 x と縦軸 y の変数の値にいず

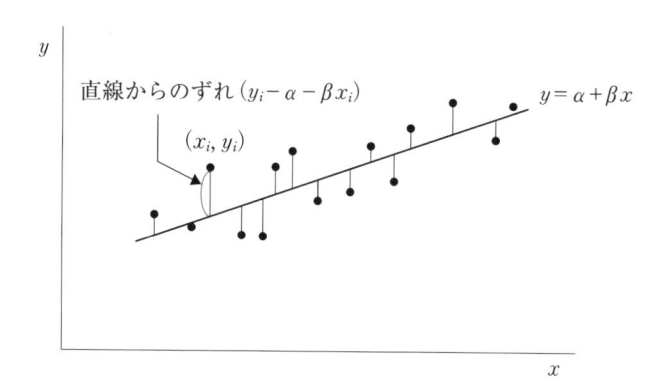

図 5.1　最小二乗法の原理

れも誤差が含まれているとすると解析が複雑になるので，本書では横軸の x の値には誤差がなく，誤差は y の変動にすべて含まれる場合だけを考える．

この図上のプロットされたデータの変化の傾向は，直線関係で表されるように思われるため，ここで傾き β と切片 α をもつ直線を測定結果に当てはめることを考える．

$$y = \alpha + \beta x \tag{5.1}$$

いま，傾き β と切片 α をもつ直線において，i 番目の測定値 y_i と直線の式から推定される値との差を**残差**といい，次式で表される．

$$残差 = y_i - (\alpha + \beta x_i) \tag{5.2}$$

式(5.2)で求めた個々の残差を2乗して足したものが次式の**残差平方和** S_e である．

$$S_e = \sum (残差)^2 = \sum (y_i - \alpha - \beta x_i)^2 \tag{5.3}$$

この S_e が最小となる傾き β と切片 α をもつ直線が，測定値に対して最も当てはまりの良い直線となる．このようにして β と α を求める方法を**最小二乗法**と呼ぶ．β と α を求めるためには，残差平方和 S_e の式(5.3)に関して，β と α でそれぞれ偏微分し，得られた式の値がゼロとなる解を求めれば推定値 $\hat{\beta}$，$\hat{\alpha}$ が得られる．

$$\frac{\partial S_e}{\partial \beta} = -2 \sum x_i \left(y_i - \hat{\alpha} - \hat{\beta} x_i \right) = 0 \tag{5.4}$$

$$\frac{\partial S_e}{\partial \alpha} = -2 \sum \left(y_i - \hat{\alpha} - \hat{\beta} x_i \right) = 0 \tag{5.5}$$

式(5.4)と式(5.5)を整理すると，それぞれ次のように変形できる．この連立方程式を**正規方程式**という．

$$\hat{\alpha} \sum x_i + \hat{\beta} \sum x_i^2 = \sum x_i y_i \tag{5.6}$$

$$\hat{\alpha} n + \hat{\beta} \sum x_i = \sum y_i \tag{5.7}$$

この式(5.7)の両辺を n で割り，式の左右を入れ替えれば，

$$\frac{\sum y_i}{n} = \hat{a} + \hat{\beta}\frac{\sum x_i}{n} \tag{5.8}$$

となる．すなわち，$\overline{y}$，$\overline{x}$ を各値の平均とすると式(5.8)は，

$$\overline{y} = \hat{a} + \hat{\beta}\overline{x} \tag{5.9}$$

で表され，これは式(5.1)において，x のところに $\overline{x}$ を，また y のところに $\overline{y}$ を代入した形であることがわかる．ここから，最小二乗解である直線は，すべての測定値の重心 $(\overline{x}, \overline{y})$ を通る直線であることがわかる．

また，式(5.6)式と式(5.7)より，

$$\hat{\beta} = \frac{\left[\sum (x_i - \overline{x})(y_i - \overline{y})\right]}{\sum (x_i - \overline{x})^2} \tag{5.10}$$

$$\hat{a} = \overline{y} - \hat{\beta}\overline{x} \tag{5.11}$$

と求まる．

$\hat{\beta}$ の計算式の分母と分子は，式(4.2)，式(4.4)より次のように表される．

$$S_{xx} = \sum (x_i - \overline{x})^2 = \sum (x_i - \overline{x})(x_i - \overline{x}) = \sum x_i{}^2 - \frac{(\sum x_i)^2}{n}$$

$$S_{xy} = \sum (x_i - \overline{x})(y_i - \overline{y}) = \sum x_i y_i - \frac{(\sum x_i)(\sum y_i)}{n}$$

これより，$\hat{\beta}$ は次のように表現できる．

$$\hat{\beta} = \frac{S_{xy}}{S_{xx}}$$

なお，**第4章**で述べたように，β も α も有限のデータを用いて求めた推定値であることから，推定値であることを示す記号($\hat{}$)を付けて，$\hat{\beta}$，$\hat{a}$ と表している．

また，直線が原点を通ると原理的に考えられる場合は，切片 α はゼロで，傾き β は次のように計算できる．

$$\hat{\beta} = \frac{\sum x_i y_i}{\sum x_i^2} \tag{5.12}$$

測定量 x と y が直線関係にあるときには，式(5.1)，式(5.10)，式(5.11)から求めた直線が，得られたデータを表す実験式である．

5.2 最小二乗法による実験式の求め方

変数 x と y の値の散布図を作成し，明らかに相互の影響を確認できたとき，以下の手順で変数 x と y の関係を関数関係で表す実験式を推定する．

手順1 散布図から x と y が従う関数(理論式)を予測する．

手順2 想定される理論式から x と y を変数変換し，変換された軸上で再度散布図を描いてみる．両者の関係が直線的であれば，この理論式を使う．

手順3 変換された軸上で，最小二乗法を用いて実験式の係数を求める．

手順4 求めた実験式の x に実際の数値を入れて y の推定値を求める．この推定値と実測値との差を求めて，実験式の当てはまりの精度を確認する．

5.3 さまざまな実験式(曲線となる場合を含む)[2]

変数 x と y との関係は，現象に応じてさまざまな関数モデルに従うことが予想されるが，必ずしも直線関係になるとは限らない．2変数間の関係が曲線関係であっても，変数 x や y を変数変換すれば，変換された変数間では直線関係が成り立ち，変換後の X と Y の関係は最小二乗法により容易に実験式を求めることができる．例えば，両対数グラフ上でデータをプロットしたところ，変数間の関係が直線関係で表せることが確認できた場合，変数 x と y との関係は，$y = bx^a$ で表すことができる．**表5.1** に実験式の変換の例を示す．

表5.1 の実験式を図で表したものが**図5.2**である．

5.4 ま と め

相関分析は変数間の関係の度合いを解析しているが，一方の指定した変数と特性を表す変数の関係を検討する方法が回帰分析である．この章では，仮定した回帰モデルの係数を実際のデータから求め回帰式(実験式)を推定する最小二乗法の考え方を説明した．実際に実験によって得られる結果は必ずしも直線関係にないが，変数の変換によって単回帰モデルで表すことができれば，単回帰式によって非線形の関係も説明することができる．

I 記述統計にもとづく実験結果のデータ処理

表 5.1 さまざまな実験式

理論式	x と y の関係式	x の変数変換	y の変数変換	X と Y の関係式
$y = ax + b$	$y = ax + b$	$(X = x)$	$(Y = y)$	$Y = aX + b$
$y = bx^a$	$\log y = a\log x + \log b$	$X = \log x$	$Y = \log y$	$Y = aX + \log b$
$y = bx^a + c$	$\log(y-c) = a\log x + \log b$	$X = \log x$	$Y = \log(y-c)$	$Y = aX + \log b$
$y = b\,e^{ax}$	$\ln y = ax + \ln b$	$(X = x)$	$Y = \ln y$	$Y = aX + \ln b$
$y = \dfrac{a+bx}{x}$	$y = a\left(\dfrac{1}{x}\right) + b$	$X = \dfrac{1}{x}$	$(Y = y)$	$Y = aX + b$
$y = \dfrac{x}{a+bx}$	$\dfrac{1}{y} = a\left(\dfrac{1}{x}\right) + b$	$X = \dfrac{1}{x}$	$Y = \dfrac{1}{y}$	$Y = aX + b$
$y = ax^2 + bx + c$	$\dfrac{y-y_0}{x-x_0} = ax + (b+ax_0)$	$(X = x)$	$Y = \dfrac{y-y_0}{x-x_0}$	$Y = aX + (b+ax_0)$

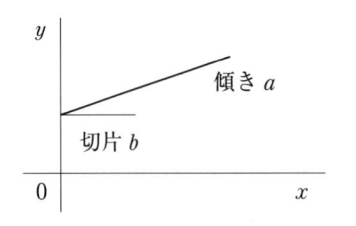

(1)　理論式　$y = ax + b$

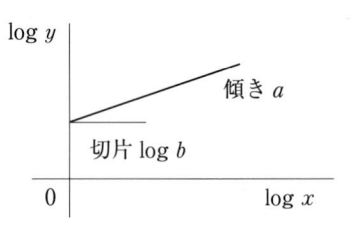

(2)　理論式　$y = bx^a$

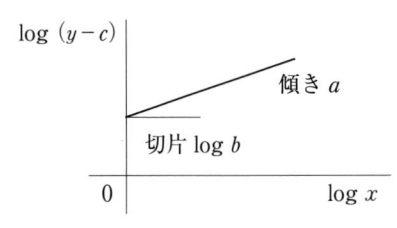

(3)　理論式　$y = bx^a + c$

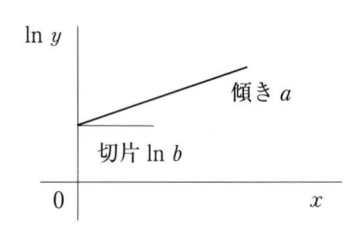

(4)　理論式　$y = be^{ax}$

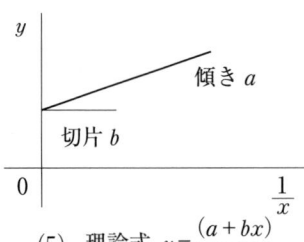

(5)　理論式　$y = \dfrac{(a + bx)}{x}$

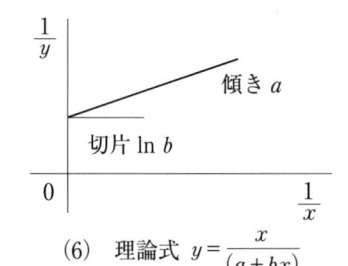

(6)　理論式　$y = \dfrac{x}{(a + bx)}$

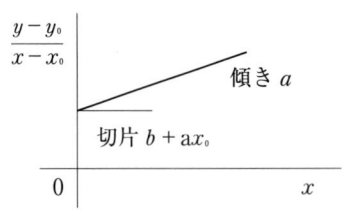

(7)　理論式　$y = ax^2 + bx + c$

出典）　Holman, J. P. : *Experiental Methods for Engineers 7th edition*, McGraw-Hill, 2000, pp. 108–109 を参考に作成.

図 5.2　さまざまな実験式のモデル

演 習 問 題

[**演習5.1**] 下表のデータ（第4章の演習4.1と同じ表）について，最小二乗法によって説明変数 x と目的変数 y の関係式を求めなさい．

No.	x	y	No.	x	y
1	4.5	14.2	11	4.7	13.8
2	4.2	15.2	12	3.8	17.0
3	4.0	16.9	13	4.0	16.9
4	4.2	15.5	14	3.7	18.2
5	4.3	15.7	15	4.0	16.3
6	3.7	18.0	16	4.4	14.7
7	3.9	17.1	17	3.8	17.4
8	3.7	17.5	18	4.1	15.4
9	3.6	18.1	19	5.0	12.9
10	4.8	13.6	20	3.4	18.7

[**演習5.2**] 下表のデータを用いて，下式の当てはめを行い，係数 a と b を求めよ．

$$y = \frac{x}{a + bx}$$

x	3.846	2.500	2.041	1.786	1.613	1.449	1.316	1.205	1.111	1.031
y	1.582	1.250	1.101	1.008	0.939	0.871	0.812	0.756	0.714	0.674

[**演習5.3**] 説明変数 x と目的変数 y との間に，下表のような実験データが得られた．最も当てはまりの良いと思われる実験式を選び，最小二乗法により，傾きと切片を推定せよ．

x	1.79	1.32	2.04	1.04	1.61	1.45	2.51	4.58
y	1.19	0.89	1.28	0.48	1.03	0.94	1.42	1.74

参 考 文 献

[1]　永田靖：『入門 統計解析法』，日科技連出版社，1992.

[2]　J. P. Holman : *Experimental Methods for Engineers 7th edition*, McGraw-Hill, 2001.

第 6 章

統計の利用と目的

　第Ⅰ部では，実験等で収集されたデータを整理する手法を学んだ．また，データに何らかの規則性を見出すために，最小二乗法を用いて，関数を当てはめる方法も学んだ．第Ⅱ部では，目的の違いによる統計の使い分けについて理解し，統計を理解するための確率の基本概念を学ぶ．最後に，目的別に発展してきている統計学の概要と違いについて学んでいく．

6.1　目的によって異なる統計の使い分け

　『新明解国語辞典(第5版)』によれば，統計とは，「集団に属する個個のものに付随する数量について，いくつかの集団同士比較したり，一つの集団の内部での分布状態を調べたりすること．また，その時に計算される，集団の特性を表す数値．」と記されている．

　現在，自然現象や，人工的システム，社会的集団などの集まりを，数値的に表現した統計データが多様な目的で利用されている．

　例えば，社会では，金融・経済分野，社会政策，医学・薬学，理学，工学分野などで，さまざまな活動が行われている．この統計データをどのような目的で使うかは，それぞれの分野で異なってくる．

　例えば工学分野では，ものづくりが中心であり，製品の開発などに統計データの工学的利用がなされる．また他の分野の場合には，統計データの科学的利用がなされている．本書では，統計の工学的利用と科学的利用を区別している．その大きな理由の一つとしては，工学分野では，品質，時間，コストを意識し

て活動する必要があるためである．品質，時間，コストという制約の下では，統計データを得る活動も含めて，効率的に行うことが重要だからである．この内容については次節以降で説明する．

6.2 工学的利用の場合

統計データの工学的利用とは，人工的なシステム，すなわち新製品の開発や，製造工程の管理などに利用することを意味している．例えば，製造工程の管理では，製造工程の状態の把握や調節などに記述統計学が使われる．

また製品開発においては，製品の性能向上や，製造時の品質ばらつきを減らすことを目的として，品質工学と呼ばれる手法で高品質な設計や製造条件を実現していく．品質工学の詳細については，**第Ⅲ部**「**統計の工学的利用**」（**第9章〜第13章**)で詳しく説明する．

一方，電子メールから迷惑メールをふるい分けるソフトウェアには，ベイズ統計学が応用されている．またネットショッピングで，ユーザーの閲覧情報や購買情報から，ユーザーの好みそうな商品を学習し，提示するシステムにもベイズ統計学が応用されている．

6.3 科学的利用の場合

統計データの科学的な利用とは，対象とする集団の性質を理解するために統計的手法を使うことを意味している．例えば，金融・経済分野などで，過去の株や為替の変化の統計データを用いてその理由を説明し，将来の株や為替の売買の判断に利用しようとする場合などである．また社会政策において，都市部での道路の混雑状況などの統計データで現状を説明し，今後の都市計画を立案するための判断に使う場合などである．

医学・薬学などの場合では，新しい治療法や治療薬などが，患者に対して効果があったのかどうかを判断したり，新薬を認証したりする場合などである．また理学分野では，自然界で新しい法則の発見や，未知の物理現象が新理論でうまく説明できるのか，実験結果との比較などに統計的手法が利用される．

これらの場合には，推測統計学という手法が使われている．この内容については，8.4節ならびに**第14章**で説明する．

6.4 ま と め

この章では，統計の利用と目的についてその概要を説明した．統計とは，自然現象や，人工的システム，社会集団などの集団を数値的に表現したものであった．

統計的データの工学的利用では，記述統計や品質工学，ベイズ統計学などが使われて，人工的なシステムの設計や製造の管理などに使われてきている．

また，統計データの科学的利用では，推測統計学などが使われており，対象とする集団の性質を理解するために使われる．金融・経済分野，社会政策，医学・薬学，理学分野では，この推測統計学の利用が主流となっている．

真理を探究することが中心の「統計の科学的利用」に対して，工学分野では，品質，時間，コストを意識して「統計の工学的利用」がなされるため，科学的利用とは目的も異なり，必要とされる手法も異なってくる．この記述統計学や品質工学と，推測統計学とを大きく区別する点として，確率分布という概念の使用がある．ある確率分布をなすことを前提として議論を進めるのか，そうでないのかという点である．推測統計学では，何らかの確率分布が成立することを前提として，その現象を統計データから理解しようとする．一方，記述統計学や品質工学では，得られた統計データのみを利用して進めていき，必ずしも確率分布を前提とはしない．この確率分布とはどういうものなのかは第7章で学ぶことになる．

第7章では，統計をより良く理解するために，確率の基本概念について学んでいく．

演 習 問 題

[**演習 6.1**] 以下の統計局のサイトや，ビッグデータのための公的データをダウンロードして，内容を確認せよ．どのようなデータ項目が登録されているかを調べよ．どのような利用目的に使えるかを考えよ．また，そのデータのどの項目を使うのか，理由も含めて述べよ．

データカタログサイト http://data.go.jp

統計を理解するための基本概念

気象データ　http://www.data.jma.go.jp/gmd/risk/obsdl/index.php

リアルタイム大気測定データ　http://soramame.taiki.go.jp/

他国のデータカタログサイトなどにもアクセスし，同様に考察せよ．

U.S. Government's open data　http://www.data.gov/

European Data portal

　http://www.europeandataportal.eu/

　http://data.gov.uk/

[**演習 6.2**] 開発のための検証用テストデータとして提供されているデータを
ダウンロードして内容を確認し，どのようなデータ項目が登録されているかを
調べよ．そのデータを使用して，どのような開発に使えるか考えよ．その際に，
さらに必要となる他の統計データとして何があるかを考え，理由も含めて述べ
よ．

　UCI 機械学習データセット　https://archive.ics.uci.edu/ml/index.html

第 7 章

統計を理解するための確率の基本概念

『新明解国語辞典(第5版)』によれば，確率とは，「ある条件のもとでその事が起こると予測される度合い(を数値化して表わしたもの).」と記されている．

この章ではまず，確率の概念を成立させるための基礎用語についてまとめる．

7.1　確率の基本法則と確率モデル

7.1.1　数え上げの方法

- **基本事象**(elementary event)：偶然に左右されて起こる事柄の最小単位であり，根元事象ともいう．
- **標本空間**(sample space)：基本事象全体の集合 Ω のことをいう．
- **事象**(event)：標本空間の**部分集合**(subset)のこと．事象 A に含まれる基本事象の数を $n(A)$ で表す．
- **集合**(set)と**要素**(element)：ある集合に属するものを，その集合の要素という．集合には大文字 A，B，C，要素には小文字 a，b，c を使う．集合と要素の関係には $\ni$，$\not\ni$ を用いる．例えば，a が集合 A の要素である場合，$a \in A$，$A \ni a$ と表す．

集合の表し方：

要素による列挙法：$A = \{1, 2, 3, 6\}$

条件式による方法：$A = \{x : x$ は 6 の約数$\}$

一つの要素 a しかない場合：$A = \{a\}$

要素がない場合（**空集合**：empty set）：$A = \phi$

集合同士の関係の表し方：集合 A と B の要素が一致するとき，A と B は等しいといい，次で表す.

$$A = B$$

A のすべての要素が，B の要素にも含まれているとき，**A は B の部分集合**（subset）であるといい，次で表す.

$$A \subset B$$

空集合(ϕ)：あらゆる集合の部分集合と定める.

$$\phi \subset A$$

余事象(A^c)：「A が起こらない」事象

$$A^c = \Omega - A$$

和事象$(A \cup B)$：A または B が起こる事象
積事象$(A \cap B)$：A かつ B が起こる事象

集合による表現

$$A \cup B = \{x ; x \in A \text{ and/or } x \in B\}$$
$$A \cap B = \{x ; x \in A \text{ and } x \in B\}$$

集合の分配法則：

$$A \cap (B \cup C) = (A \cap B) \cup (A \cap C)$$
$$A \cup (B \cap C) = (A \cup B) \cap (A \cup C)$$

事象の和法則：2つの事象 A，B について

$$n(A \cup B) = n(A) + n(B) - n(A \cap B)$$

［例］ 1 から 6 の目のあるさいころを投げる場合の標本空間を表せ．また，奇数の目が出る事象 B を表せ．また $n(B)$ はいくらか．

$$\Omega = \{1, 2, 3, 4, 5, 6\}$$

奇数の目が出る事象 $B = \{1, 3, 5\}$, $n(B) = 3$

［問題］ 異なる 2 枚の硬貨投げの標本空間を表せ．また 1 枚だけが表である事象を表せ．

［解答］

$$\Omega = \{(表, 表), (表, 裏), (裏, 表), (裏, 裏)\}, (表, 裏), (裏, 表)$$

順列(permutation)：互いに異なる n 個から r 個を選んで 1 列に並べる方法．その総数は，

$$_n\mathrm{P}_r = n \cdot (n-1) \cdots (n-r+1) = \frac{n!}{(n-1)!}$$

組合せ(combination)：互いに異なる n 個のものから r 個を選ぶ方法．その総数は，

$$_n\mathrm{C}_r = \frac{_n\mathrm{P}_r}{r!} = \frac{n \cdot (n-1) \cdots (n-r+1)}{r \cdot (r-1) \cdots 1}$$

多項定理(multinomial theorem)：

$(a+b+c)^n$ の展開において $a^p b^q c^r$ の係数は，

$$\frac{n!}{p!\,q!\,r!}$$

となり，次の展開式が成立する．

$$(a+b+c)^n = \sum_{p+q+r=n} \frac{n!}{p!\,q!\,r!} a^p b^q c^r$$

Ⅱ 統計を理解するための基本概念

7.1.2 確率の基本法則

事象の確率：ある事象 A が r 個の基本事象より構成される$(r = n(A))$とき A が起こる確率 $P(A)$ は，

$$P(A) = \frac{n(A)}{n(\Omega)}$$

確率モデル(stochastic model)：確率モデルは，現実の問題を理想化・単純化して，数学的な表現に書き直したものである．標本空間 Ω と確率 P との組 (Ω, P) の対応付けをすることを確率モデルと呼ぶ．

確率モデル (Ω, P) に対しては，常に以下が成立している．
- 任意の事象 A に対して，$0 \leqq P(A) \leqq 1$
- 標本空間 Ω と空事象 ϕ に対して，$P(\Omega) = 1$，$P(\phi) = 0$
- 事象 A と事象 B とが互いに排反であれば，$P(A \cup B) = P(A) + P(B)$

余事象の確率：任意の事象 A に対して

$$P(A^c) = 1 - P(A)$$

[**例**] 1枚の硬貨投げの確率モデルは

$$\Omega = \{表, 裏\}, \quad P(\{表\}) = P(\{裏\}) = \frac{1}{2}$$

[**問題**] kyutech サイコロの確率モデルを考えよ．

$$\Omega = \{k, y, u, t, e, c, h, ロゴ\}$$
$$P(\{k\}) = P(\{y\}) = P(\{u\}) = P(\{t\}) = P(\{e\}) = P(\{c\}) = P(\{h\})$$
$$= P(\{ロゴ\}) = \frac{1}{8}$$

条件付き確率(conditional probability)：事象 A が起こった条件の下で事象 B

が起こる確率を，条件付き確率といい以下が成立する．

$$P(B|A) = \frac{n(A \cap B)}{n(A)} = \frac{P(A \cap B)}{P(A)}$$

[定理]

事象 A と B が独立であるための必要十分条件は，

$$P(B) = P(B|A), \quad \text{または} \quad P(A) = P(A|B)$$

が成立することである．これは，A が起こるか否かにかかわらず B の確率には違いがないことを意味している．

事象の独立：2つの事象 A, B について

$$P(A \cap B) = P(A)P(B)$$

が成立するとき，2つの事象 A, B は**独立**(independent)であるという．これは上記の2つの式から導き出すことができる．

[**問題**] 1個のさいころを投げる試行において，事象 A, B, C をそれぞれ，A：偶数の目が出る，B：4以下の目が出る，C：4以上の目が出る，とするとき，事象 A と B は独立か？　また A と C は独立か．$n(\Omega) = 6$ とする．

[**解答**]

$$P(A) = P(\{2, 4, 6\}) = \frac{3}{6}, \quad P(B) = P(\{1, 2, 3, 4\}) = \frac{4}{6},$$

$$P(C) = P(\{4, 5, 6\}) = \frac{3}{6} \quad \text{（偶数が等しく入っていない）}$$

$$P(A \cap B) = P(\{2, 4\}) = \frac{2}{6} = \frac{1}{3}, \quad P(A)P(B) = \frac{3}{6} \cdot \frac{4}{6} = \frac{1}{3}, \quad \text{よって独立}$$

$$P(A \cap C) = P(\{4, 6\}) = \frac{2}{6} = \frac{1}{3}, \quad P(A)P(C) = \frac{3}{6} \cdot \frac{3}{6} = \frac{1}{4}, \quad \text{独立でない}$$

Ⅱ

統計を理解するための基本概念

7.2 確率変数と確率分布

基本事象には，必ずしも数値とは関係ないものを扱う場合がある．例えば硬貨の表や裏などである．この事象を数値化すれば計算を行えるようになる．そこで確率変数という概念を定義し，基本事象との対応関係を与えることで，確率変数の分布などに対して，平均(期待値)や分散を数学的に定義できるようになる．

7.2.1 確率変数とその確率分布

標本空間 Ω と，各基本事象 ω を以下のように定義する．

$$\Omega = \{\omega_1, \omega_2, \cdots, \omega_n\}$$

- (離散)確率変数 X，ω_i に対応する実数値 $\hat{x}_i$ の対応関係を関数として考え，

$$X = X(\omega_i)(=\hat{x}_i)$$

と表す．
- 確率分布：$x_i \neq x_j$ であるとき，確率分布 $\{p_1, \cdots, p_k\}$ は以下となる．

$$p_i = P(X = x_i) = P(\{\omega \in \Omega ; X(\omega) = x_i\}) \quad (i = 1, \cdots, k)$$

確率変数と確率分布の定義により，確率変数の期待値を求められる．期待値は，確率変数に対応する実数値が，その分布の(重み付き算術)平均で得られる．

確率変数 X の期待値(expectation)：

$$E[X] = \sum_{\omega \in \Omega} X(\omega) P(\omega) \quad \left(= \sum_{i=1}^{m} x_i p_i\right)$$

X の分散 $V[X]$(variance)：X の期待値 $E[X]$ からの散らばり具合

$$V[X] = E[(X - E[X])^2] = \sum_{i=1}^{m} (x_i - E[X])^2 P(X = x_i)$$

X の標準偏差(standard deviation)：

$$\sigma[X] = \sqrt{V[X]}$$

［例題］ さいころを 1 回投げて偶数が出れば 100 円，それ以外は 0 円とする．このときの得点（確率変数）X，確率分布と期待値，分散を求めよ．

$$\Omega = \{1, 2, \cdots, 6\}$$

$$X(\omega) = \begin{cases} 100\,(\omega = 2, 4, 6) \\ \ \ 0\,(\omega = 1, 3, 5) \end{cases}$$

$$P(X = 100) = P(\{\omega \in \Omega; X(\omega) = 100\}) = P(\{2, 4, 6\}) = \frac{3}{6} = \frac{1}{2}$$

$$P(X = 0) = P(\{\omega \in \Omega; X(\omega) = 0\}) = P(\{1, 3, 5\}) = \frac{3}{6} = \frac{1}{2}$$

$$E[X] = \sum_{\omega \in \Omega} X(\omega)\,P(\omega) = 100 \cdot \frac{1}{2} + 0 \cdot \frac{1}{2} = 50\,(円)$$

$$V[X] = E[(X - E[X])^2] = (100 - 50)^2 \cdot \frac{1}{2} + (0 - 50)^2 \cdot \frac{1}{2} = 2500$$

$$\sigma[X] = \sqrt{2500} = 50$$

7.2.2　確率変数の同時分布と周辺分布，独立性

2 つの確率変数 X，Y に対して，同じ標本空間で定義されているならば，お互いの和が定義される．このとき表 7.1 の確率分布表をまとめると，2 つの確率変数 X，Y を組み合わせた $X + Y$ や XY などの期待値や分散も計算できる．

独立性（independent）：同時分布 p_{ij} と周辺分布 p_i，q_j との間に，すべての i，j で，

$$p_{ij} = p_i q_j$$

が成立するとき，すなわち

表7.1　2つの確率変数 X, Y の確率分布の表

	y_1	y_2	$\cdots$	y_n	(Y)	Σp_{ij}
x_1	p_{11}	p_{12}	$\cdots$	p_{1m}		p_1
x_2	p_{21}	p_{22}		$\vdots$		$\vdots$
$\vdots$	$\vdots$	$\vdots$	p_{ij}	$\vdots$		p_i
x_n	p_{n1}	p_{n2}	$\cdots$	p_{nm}		p_n
(X)						
Σp_{ij}	q_1	q_2	$\cdots$	q_n		

p_{ij}：同時分布（joint distribution）
p_i：周辺分布（marginal distribution）

$$P(X = x_i, Y = y_j) = P(X = x_i)P(Y = y_j)$$

のとき，**X と Y は独立**であるという.

[定理] 同じ標本空間において定義されている，確率変数 X, Y が独立ならば

$$E[XY] = E[X]E[Y]$$

共分散（covariance）：確率変数 X, Y について

$$Cov[X, Y] = E[XY] - E[X]E[Y] \quad (= E[(X - E[X])(Y - E[Y])])$$

を XY の共分散という.

　独立とは限らない確率変数 X, Y に対して，

$$V[X + Y] = V[X] + 2Cov[X, Y] + V[Y]$$

もしも X と Y が独立ならば $Cov[X, Y] = 0$, $V[X + Y] = V[X] + V[Y]$.
なお，$Cov[X, Y] = 0$ のとき，X, Y は無関係であるという.

　X, Y の**相関係数**（correlation coefficient）は，以下で定義される.

$$\rho[X, Y] = \frac{Cov[X, Y]}{\sqrt{V[X]V[Y]}}$$

7.2.3 確率変数に関連するいくつかの重要な定理

確率変数 X, Y が同じ標本空間で定義されている場合,

$$E[X+Y] = E[X] + E[Y]$$

確率変数 X の1次関数 $aX+b$ について

$$E[aX+b] = aE[X] + b$$

$$V[aX+b] = a^2V[X]$$

[証明]

$$E[aX] = \sum_{\omega \in \Omega}(aX(\omega))P(\omega) = a\sum_{\omega \in \Omega}(X(\omega))P(\omega) = aE[X]$$

$$E[aX+b] = E[aX] + E[b] = aE[X] + b$$

上式を利用して,

$$V[aX+b] = E[\{a(X-E[X])\}^2] = E[a^2(X-E[X])^2]$$
$$= a^2E[(X-E[X])^2] = a^2V[X]$$

以下の定理は,期待値を計算する際によく利用される関係式である.

$$V[X] = E[X^2] - (E[X])^2$$

[証明]

$$V[X] = E[(X-E[X])^2] = E[X^2 - (2E[X])\cdot X + (E[X])^2 \cdot 1]$$
$$= E[X^2] - (2E[X])E[X] + (E[X])^2E[1] = E[X^2] - (E[X])^2$$

[例題] 下記の同時分布表において,$E[XY]$,$\rho[X, Y]$ を求めよ.

	1	2	(Y)
1	3/8	1/8	
2	1/8	3/8	
(X)			

［解答］

	1	2	(Y)	Σ
1	3/8	1/8		1/2
2	1/8	3/8		1/2
(X)				
Σ	1/2	1/2		

XY	1	2	4
確率	3/8	2/8	3/8

X	1	2
X^2	1	4
確率	1/2	1/2

$$E[XY] = 1 \times \frac{3}{8} + 2 \times \frac{2}{8} + 4 \times \frac{3}{8} = \frac{19}{8}$$

$$E[X] = E[Y] = 1 \times \frac{1}{2} + 2 \times \frac{1}{2} = \frac{3}{2}$$

$$E[X^2] = E[Y^2] = 1 \times \frac{1}{2} + 4 \times \frac{1}{2} = \frac{5}{2}$$

$$V[X] = E[X^2] - (E[X])^2 = \frac{5}{2} - \left(\frac{3}{2}\right)^2$$

$$= \frac{1}{4}$$

$$\sigma[X] = \sqrt{V(X)} = \frac{1}{2}$$

$$Cov[X, Y] = E[XY] - E[X]E[Y] = \frac{19}{8} - \frac{3}{2} \cdot \frac{3}{2} = \frac{1}{8}$$

$$\rho[X, Y] = \frac{Cov[X, Y]}{\sigma[X]\sigma[Y]} = \frac{\dfrac{1}{8}}{\left(\dfrac{1}{2} + \dfrac{1}{2}\right)} = \frac{1}{2}$$

7.2.4　二 項 分 布

ベルヌーイ試行（Bernoulli trial）

標本空間が 2 つの基本事象からなる確率モデルをベルヌーイ試行と呼ぶ.

X	0	1
確率	p	$q (= 1-p)$

[定理] ベルヌーイ分布の期待値と分散

確率変数 X が成功確率 p のベルヌーイ分布に従うとき，

$$E[X] = p,\ V[X] = pq \quad (q = 1 - p)$$

[証明]

$$E[X] = \sum_{\omega \in \Omega} P(\omega) = 1 \cdot p + 0 \cdot q = p$$

$$V[X] = E[(X - E[X])^2] = \sum (x_i - E[X])^2 P(X = x_i)$$

$$= (1 - p)^2 p + (0 - p)^2 q = q^2 p + p^2 q = pq(p + q) = pq$$

ベルヌーイ試行を n 回繰り返すと，以下で表される．

$$P(\{1\text{が}n\text{ 回中 }k\text{ 回出現}\}) = P(X = k) = {}_nC_k p^k q^{n-k} \quad (k = 1, 2, \cdots, n)$$

の確率分布を，試行回数 n，成功確率 p の**二項分布**といい $B(n, p)$ と表す．

[定理]

二項分布 $B(n, p)$ に従う確率変数 X の期待値と分散は，$q = 1 - p$ とすると，

期待値 $\quad E[X] = np$

分散 $\quad\quad V[X] = npq$

7.2.5 連続確率変数

X の値が $a \leqq X \leqq b$ となる確率が

$$P(a \leqq X \leqq b) = \int_a^b f(x)\,dx\ [-\infty < a \leqq b < \infty]$$

と表されるとき，変数 X を**連続確率変数**，$f(x)$ を**確率密度関数**という．ただし，$f(x) \geqq 0$, $\int_{-\infty}^{\infty} f(x)\,dx = 1$ を満たすこと．

連続確率変数の期待値と分散は，以下で定義される．

$$E[X] = \int_{-\infty}^{\infty} x f(x)\,dx = \mu$$

$$V[X] = \int_{-\infty}^{\infty} (x - E[X])^2 f(x)\,dx = \sigma^2$$

$$\sigma[X] = \sqrt{V[X]}$$

連続確率変数においても次の性質がある.

$$V[X] = E[X^2] - (E[X])^2$$

$$ここで E[X^2] = \int_{-\infty}^{\infty} x^2 f(x)\, dx$$

7.2.6　正規分布

平均値 μ と標準偏差 $\sigma\,(>0)$ の2パラメータをもつ確率密度関数が

$$f(x) = \frac{1}{\sqrt{2\pi\sigma^2}}\, e^{-\frac{(x-\mu)^2}{2\sigma^2}}$$

であるとき,

$$P(a \le X \le b) = \int_a^b f(x)\, dx$$

となり, X は正規分布 $N(\mu, \sigma^2)$ に従うという.

［定理］

X が正規分布 $N(\mu, \sigma^2)$ に従うとき, $ax+b$ は正規分布 $N(a\mu+b, (a\sigma)^2)$ に従う. 特に, 正規分布 $Z = \dfrac{X-\mu}{a}$ の分布は標準正規分布 $N(0, 1^2)$ である.

標準正規分布

実数の値をとる確率変数 Z に対して,

$$P(a \le Z \le b) = \int_a^b \frac{1}{\sqrt{2\pi}}\, e^{-\frac{x^2}{2}}\, dx$$

で表される分布を $N(0, 1^2)$ で表す.

標準正規分布の性質

確率の合計

$$\int_{-\infty}^{\infty} \frac{1}{\sqrt{2\pi}}\, e^{-\frac{x^2}{2}}\, dx = 1$$

$$E[X] = \int_{-\infty}^{\infty} x \cdot \frac{1}{\sqrt{2\pi}} \, e^{-\frac{x^2}{2}} dx = 0$$

$$E[X^2] = \int_{-\infty}^{\infty} x^2 \cdot \frac{1}{\sqrt{2\pi}} \, e^{-\frac{x^2}{2}} dx = 1$$

$$V[X] = E[X^2] - (E[X])^2 = 1, \quad \sigma[Z] = \sqrt{V[Z]} = 1$$

$$P(-1 \le Z \le 1) \fallingdotseq 0.68$$

$$P(-2 \le Z \le 2) \fallingdotseq 0.95$$

$$P(-3 \le Z \le 3) \fallingdotseq 0.997$$

［例題］

X が正規分布 $N(4, 6^2)$ に従うとき，$Y = -3X + 4$ の確率変数 Y はどのような確率分布に従うか．

［解答］

確率変数 X は，$N(\mu, \sigma^2) = N(4, 6^2)$ より，

$$E[X] = \mu = 4, \quad V[X] = \sigma^2 = 36$$

$$\therefore E[-3X + 4] = -3E[X] + 4 = -3 \cdot 4 + 4 = -8$$

$$V[-3X + 4] = (-3)^2 V[X] = 9 \cdot 36 = 324$$

よって，$-3X + 4$ は正規分布 $N(-8, 18^2)$ に従う．

正規分布に関する計算

以下の積分値が書かれた数表である正規分布表(巻末の**付表1**を参照)を用いて計算する．

$$I(Z) = \frac{1}{\sqrt{2\pi}} \int_0^Z e^{-\frac{x^2}{2}} dx$$

$$P(a \le Z \le b) = I(b) - I(a)$$

$$I(-x) = -I(x), \quad I(\infty) = 0.5 \quad \text{も利用する．}$$

統計を理解するための基本概念

[例題] ある地域において，住民 22,000 人の体重は，$N(55, 15^2)$ に従う．このとき，体重が 70〜85 kg の住民は何人いると考えられるか．

[解答] 体重を X とおくと，X は正規分布 $N(55, 15^2)$ に従い，$Z = \dfrac{X-55}{15}$ とおくと，Z は標準正規分布に従うので，70〜85 kg の範囲は，$\dfrac{70-55}{15} = 1.0$，$\dfrac{85-55}{16} = 2.0$ の範囲となる．したがって，

$$P(70 \leq X \leq 85) = P(1.0 \leq Z \leq 2.0)$$
$$= I(2.0) - I(1.0) = 0.47725 - 0.34134$$
$$= 0.13590$$
$$22000 \times 0.13590 = 2989.8$$

およそ 2,990 名

7.2.7　確率分布に関する定理

確率変数 X の分布と，平均値 μ や分散 σ^2 との間に成立する定理として，チェビシェフの不等式やマルコフの不等式が知られている．

マルコフの不等式：マルコフの不等式は，任意の分布をもつ確率変数 X は，平均値の大きさを目安に，平均値よりも離れるほど確率密度が小さくなることを表している．

確率変数 $X (\geq 0)$ の平均値を μ と表すとき，任意の $c > 0$ に対して，以下の不等式が成立する．

$$P(X \geq c) \leq \frac{E[X]}{c}$$

[証明]

X の確率密度関数を $f(x)$ とすると，

$$E[X] = \int_0^\infty x f(x)\,dx \geq \int_c^\infty x f(x)\,dx \geq \int_c^\infty c f(x)\,dx = cP(X \geq c)$$

$$\therefore P(X \geq c) \leq \frac{E[X]}{c}$$

チェビシェフの不等式：チェビシェフの不等式は，任意の分布をもつ確率変数 X は，平均値の周りに値が集中する性質を示している．分散の大きさを目安に，平均値から離れるほど確率密度が小さくなる．

確率変数 X の平均値を μ，分散を σ^2 と表すとき，任意の $c>0$ に対して，以下の不等式が成立する．

$$P\left(|X-\mu| \geqq c\right) \leqq \frac{\sigma^2}{c^2}$$

[証明]

マルコフの不等式に，$Y=|X-\mu|^2$ として代入すると，

$$P\left(|X-\mu| \geqq c\right) = P\left(|X-\mu|^2 \geqq c^2\right) = P\left(Y \geqq c^2\right) \leqq \frac{E[Y]}{c^2} = \frac{\sigma^2}{c^2}$$

[例題] X の値が区間 $[\mu-3\sigma, \mu+3\sigma]$ 内にある確率をチェビシェフの不等式より求めよ．

[解答]

$c=k\sigma$ とすると，$P\left(|X-\mu| \geqq c\right) \leqq \dfrac{1}{k^2}$

よって，$\mu-3\sigma \leqq X \leqq \mu+3\sigma \rightarrow -3\sigma \leqq X-\mu \leqq 3\sigma,\ |X-\mu| \leqq 3\sigma$

$$P\left(\mu-3\sigma \leqq X \leqq \mu+3\sigma\right) = 1 - P\left(|X-\mu| \geqq 3\sigma\right) \geqq 1 - \frac{1}{3^2} \fallingdotseq 0.88$$

7.3 極限定理・確率分布・シミュレーション

この節では，確率と推測統計学とを結びつける極限定理や確率分布関数，ベイズ統計学の応用で使われている確率過程やモンテ・カルロ・シミュレーションの基礎について説明する．第 8 章の統計の工学的応用だけに興味のある人は，この節を読み飛ばして進んでもかまわない．

7.3.1 大数の法則

あらゆる確率密度分布の確率変数は，試行回数を増やすと，平均値に近づいていく．これが大数の法則と呼ばれるものである．

大数の法則

確率変数 $X_1,\ X_2,\ \cdots,\ X_n$ は独立で，分布は等しいとする．このとき，

$$V[X_j] = \mu,\ V[X_j] = \sigma^2 \quad (j = 1,\ 2,\ \cdots)$$

とすると，

$$\lim_{n \to \infty} P\left(\left| \frac{X_1 + X_2 + \cdots + X_n}{n} - \mu \right| \geqq \varepsilon \right) = 0$$

[**証明**]　チェビシェフの不等式へ以下を代入

$$E\left[\frac{X_1 + X_2 + \cdots + X_n}{n} \right] = \mu,\ \ V\left[\frac{X_1 + X_2 + \cdots + X_n}{n} \right] = \frac{\sigma^2}{n}$$

任意の正数に対して，

$$P\left(\left| \frac{X_1 + X_2 + \cdots + X_n}{n} - \mu \right| \geqq \varepsilon \right) \leqq \frac{\sigma^2}{n} \cdot \frac{1}{\varepsilon^2}$$

7.3.2　中心極限定理

あらゆる確率密度分布の確率変数は，試行回数を増やすと，正規分布に近づいていく．これが中心極限定理と呼ばれるものである．

中心極限定理

お互いが独立で，分布の等しい確率変数 $X_1,\ X_2,\ \cdots,\ X_n$ の平均，分散が，それぞれ $E[X_i] = \mu,\ V[X_i] = \sigma^2$ とする．

このとき確率変数 $Z_n = \{(X_1 + X_2 + \cdots + X_n) - n\mu\}/\sqrt{n}\sigma$ の確率分布は，$n \to \infty$ のときに標準正規分布 $N(\mu, \sigma^2)$ に収束する．

$$\lim_{n \to \infty} P(a \leqq Z_n \leqq b) = \int_a^b \frac{1}{\sqrt{2\pi}} \mathrm{e}^{-\frac{x^2}{2}} dx$$

7.3.3　二項分布の確率の正規近似による計算

試行回数 n が大きくなると，二項分布に限らず，あらゆる分布は正規分布に近づいていくことを示していた．

したがって，二項分布の期待値が $E[X] = np$，分散が $V[X] = npq$ であっ

たことより，二項分布 $B(n, p)$ は，n が十分に大きいとき正規分布 $N(np, npq)$ で近似される．ただし，$q = 1 - p$．

[**例題**] さいころを 180 回投げたとき，1 の目が出る回数を X とする．正規分布による近似を用いて，$P(15 \leqq X \leqq 38)$ の値を計算せよ．

[**解答**]

X は二項分布 $B\left(180, \dfrac{1}{6}\right)$ に従う．

$$E[X] = np = 180 \cdot \frac{1}{6} = 30, \quad V[X] = npq = 180 \cdot \frac{1}{6} \cdot \frac{5}{6} = 25$$

より，X は近似的に正規分布 $N(30, 5^2)$ に従う．

$Z = \dfrac{X - 30}{5}$ は標準正規分布 $N(0, 1^2)$ に従う．

離散的な二項分布と連続な正規分布の違いを考慮に入れた，半整数補正を行い，区間を広げる．$15 \to 14.5$，$38 \to 38.5$ として，

$$P(14.5 \leqq X \leqq 38.5) = P\left(\frac{14.5 - 30}{5} \leqq Z \leqq \frac{38.5 - 30}{5}\right)$$

$$= P(-3.1 \leqq Z \leqq 1.7) = I(1.7) - I(-3.1)$$

$$= I(1.7) + I(3.1) = 0.4554 + 0.4990 = 0.9544$$

cf. $I(1.6) - I(-3) = 0.4452 + 0.4987 = 0.9439$

7.3.4　いくつかの確率分布関数とその性質

連続型の分布関数は多数存在し研究されているが，本書でよく使われる分布関数のみを示しておく．詳細は数理統計の専門書に譲る．

対数正規分布：正規分布 $N(\mu, \sigma^2)$ に従う確率変数 X に対して，$Y = e^X$ とおいて得られる．

$$f(x) = \frac{1}{\sqrt{2\pi\sigma^2}} \cdot \frac{1}{x} e^{-\frac{(\log x - \mu)^2}{2\sigma^2}} \quad (x > 0)$$

$$E(x) = e^{\mu + \frac{\sigma^2}{2}}, \; V[x] = e^{\{2m + \sigma^2\}}(e^{\sigma^2} - 1)$$

$$P(Y \leq y) = P(e^X \leq y) = P(X \leq \log y)$$

$$= \int_{-\infty}^{\log y} \frac{1}{\sqrt{2\pi\sigma^2}} e^{-\frac{(u - \mu)^2}{2\sigma^2}} du = \int_0^y \frac{1}{\sqrt{2\pi\sigma^2}} e^{-\frac{(\log x - \mu)^2}{2\sigma^2}} \frac{1}{x} dx$$

ガンマ関数：ガンマ関数は，以下で定義される関数である．

$$\Gamma(n) = \int_0^\infty x^{n-1} e^{-x} dx \quad (n > 0)$$

ガンマ関数には，以下の性質がある．

$$n! = \Gamma(n+1) = n\Gamma(n) \quad (n = 0, 1, 2, \cdots)$$

ベータ関数：2つのガンマ関数の比として，ベータ関数が以下で定義される．

$$B(m, n) = \int_0^1 x^{m-1}(1-x)^{n-1} dx = \Gamma(m)\Gamma(n)/\Gamma(m+n)$$

F 分布：k_1, k_2 を自然数として，自由度 k_1, k_2 の F 分布の確率密度は以下で定義される．

$$f_{k_1, k_2}(x) = \begin{cases} 0 & x < 0 \\ \dfrac{k_1^{\frac{k_1}{2}} k_2^{\frac{k_2}{2}}}{B\left(\dfrac{k_1}{2}, \dfrac{k_2}{2}\right)} \dfrac{x^{\frac{k_1 - 2}{2}}}{(k_1 x + k_2)^{\frac{k_1 + k_2}{2}}} & x \geq 0 \end{cases}$$

ただし，$B(m, n)(m, n > 0)$ は，ベータ関数である．

t 分布：k を自然数とする．自由度 k の t 分布の確率密度は以下で定義される．

$$f_k(x) = \frac{1}{\sqrt{k} B\left(\dfrac{k}{2}, \dfrac{1}{2}\right)} \left(1 + \frac{x^2}{k}\right)^{-\frac{k+1}{2}}$$

ただし，$B(m, n)(m, n > 0)$ は，ベータ関数である．

7.3.5　確 率 過 程

いま事象 A_1, A_2, A_3, $\cdots$, A_k があるとして，一連の試行によって，その事象のどれか一つに遷移するとする．ある試行結果の確率 p_{ij} ($\geqq 0$) がその直前の試行結果に依存する過程を**確率過程**と呼び，代表例がマルコフ過程である．

この遷移に対する確率は，以下の行列形式で表現でき，**遷移行列**と呼ぶ．

$$\mathbf{P} = \begin{pmatrix} p_{11} & p_{12} & \cdots & p_{1k} \\ p_{21} & p_{22} & \cdots & p_{2k} \\ \vdots & \vdots & \ddots & \vdots \\ p_{k1} & p_{k2} & \cdots & p_{kk} \end{pmatrix}$$

ただし，$\sum\sum p_{ij} = 1$ である．

次の段階の事象の起こる確率は，遷移行列の積として求めることができる．

一般に，第 n 段階の遷移行列は，n 個の遷移行列の積として求められる．

$$\mathbf{P}^n = \mathbf{P}\cdot\mathbf{P}\cdots\mathbf{P}$$

定常マルコフ過程は，n の増加とともに，各行が同じ確率ベクトルへと収束し，$\mathbf{P}^1$, $\mathbf{P}^2$, $\mathbf{P}^3$, $\cdots$, $\mathbf{P}^n$ の過程を通じても $(p_1, p_2, \cdots, p_k)$ が一定の確率となる．このとき，以下を満足するベクトル $(p_1, p_2, \cdots, p_k)$ を $\mathbf{P}$ の**不動ベクトル**と呼ぶ．

$$(p_1, p_2, \cdots, p_k)\,\mathbf{P} = (p_1, p_2, \cdots, p_k)$$

[**例題**] ある Web 商品を閲覧する顧客のうちの 20 ％は，次の時点で常に商品 B を閲覧し，逆に商品 B を閲覧する顧客のうちの 30 ％は，常に次の時点で商品 A を閲覧している．この状態が続いたときに，商品 A, B の顧客の閲覧割合はどのように変化していくか．

[**解答**] 遷移確率 $\mathbf{P}$ は，

$$\mathbf{P} = \begin{pmatrix} 0.8 & 0.2 \\ 0.3 & 0.7 \end{pmatrix}$$

$$\mathbf{P}\cdot\mathbf{P} = \begin{pmatrix} 0.8 & 0.2 \\ 0.3 & 0.7 \end{pmatrix}\begin{pmatrix} 0.8 & 0.2 \\ 0.3 & 0.7 \end{pmatrix} = \begin{pmatrix} 0.7 & 0.3 \\ 0.45 & 0.55 \end{pmatrix}$$

Ⅱ　統計を理解するための基本概念

不動ベクトルは,

$$\begin{cases} (p_1, p_2)\mathbf{P} = (p_1, p_2) \\ p_1 + p_2 = 1 \end{cases}$$

より, $p_1 = 0.6$, $p_2 = 0.4$ になる. したがって, 商品 A, B の最終閲覧割合は A が 0.6, B が 0.4 である.

7.3.6 モンテ・カルロ法

モンテ・カルロ法は, シミュレーションや積分などの数値計算を, 乱数を用いて行う手法の総称である. 積分(数値)によって円周率を求める例を挙げる. **図 7.1** に示す, 円の 4 分の 1 の面積 S を求める場合に, 正方形の面積 T の領域に, 一様に乱数 $[x, y]$ を発生させて斜線で塗られた領域 S に入った割合 p を得ることができる. そして以下の関係

$$S = p \cdot T$$

が成立する. 今, 正方形の一辺を 1 とすると,

$$\frac{\pi}{4} \cdot 1^2 = p \cdot 1^2$$

であるから, 試行回数を増やしていくと, p は真の円周率 $\pi/4$ に近づく.

7.4 ま と め

この章では, 確率統計を理解するための確率の基本概念として, 確率の基本法則と確率モデルについて説明した.

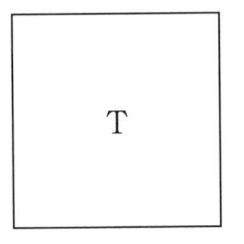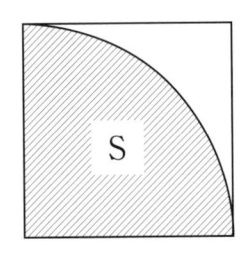

図 7.1 モンテ・カルロ法による円周率 $\pi/4$ の計算

　事象を数値化するために，確率変数という概念を定義して，確率変数に対して，平均（期待値）や分散を数学的に定義した．これにより，期待値や，分散などの基本的な統計量を導くことができるようになった．

　推測統計学と確率論の数学を結びつける大数の法則は，算術平均が真の平均に収束することを表していた．中心極限定理は，元の確率分布がどのような分布であっても，その和や平均の分布は標準正規分布に収束することを表していた．

　また，代表的な確率過程であるマルコフ過程は，時系列データの推移を表現することが可能であり，条件付き確率とともに，ベイズ統計学のなかで使われている．

　モンテ・カルロ法などのシミュレーション手法は，複雑な問題を解く場合に有効となる場合があるが，乱数の発生が非常に重要である．中心極限定理を利用して一様乱数から正規分布関数の乱数の生成が可能となる．

演 習 問 題

[演習 7.1] 次の二項分布，正規分布のグラフを Excel を用いて作成せよ．

$$B\left(10, \frac{1}{6}\right),\ B\left(20, \frac{1}{6}\right),\ B\left(40, \frac{1}{6}\right),\ B\left(80, \frac{1}{6}\right),\ N(0, 10)$$

[演習 7.2] 標本から得られた平均値は，標本数を増やすと母平均に近づくが，30 サンプル以上集めることが望まれるという経験則がある．このことを確認するために，実際に $\sigma[\overline{X}] = \sigma/\sqrt{n}$ の n を変化させたグラフを $\sigma = 1$ として作成し，確認せよ．

[演習 7.3] ごくまれにしか起こらない現象の確率分布をポアソン分布といい，以下で与えられる．

$$P(X = k) = \frac{e^{\lambda}\lambda^k}{k!} \quad (k = 1, 2, \cdots, n)$$

この分布を二項分布 $P(X = k) = {}_nC_k p^k (1-p)^{n-k}$，ただし $k = 1, 2, \cdots, n$ に

おいて，$\lambda = np$（一定），$n \to \infty$，$\mathrm{e}^x = \lim_{n \to \infty} \left(1 + \dfrac{x}{n}\right)^n \ (-\infty < x < \infty)$ から導出せよ．

参 考 文 献

[1]　林周二：『統計学講義　第2版』，丸善，1973.

[2]　服部哲弥：『統計と確率の基礎　第3版』，学術図書出版社，2014.

[3]　田口玄一：『統計解析　改訂新版』，丸善，1972.

[4]　浅倉史興，竹居正登：『新基礎コース　確率・統計』，学術図書出版社，2014.

[5]　荒木勉（監修），杉本英二，穴沢務（著）：『Excel で学ぶ経営科学シリーズ II　統計解析』，実教出版，2000.

[6]　松本裕行：『確率・統計の基礎』，学術図書出版社，2014.

[7]　松原望：『図解入門よくわかる最新ベイズ統計の基本と仕組み』，秀和システム，2010.

[8]　廣瀬英雄，藤野友和：『確率と統計―Web アシスト演習付』，培風館，2015.

第 **8** 章

記述統計・ベイズ統計および推測統計学

　第6章では，統計手法の目的別の使い分けについて，その概要を説明した．この章では，主な統計手法の利用方法について解説していく．

8.1　各種統計情報とその利用方法

　統計は，社会的集団などの集まりを，数値的に表現したものであると述べた．その集団同士を比較するためには，要約された数値を利用する．

　記述統計学では，**得られたデータ全体**を要約値として数学的に記述することを行う．ここでのデータ全体を**母集団**(population)と呼び，その母集団を要約するための値を**母数**(population parameter)と呼んでいる．

　推測統計学では，母集団は一つひとつを調べることができないほど大きな集団であって，得られるデータは，母集団から抜き出した標本でしかなく，母集団の真の姿をこの標本データから推測するという立場をとる．また，推測統計学では，母集団の分布をあらかじめ仮定することで，標本データの要約値を用いて集団の母数を数学的に記述することを行う．

　推測統計学の立場が客観的な確率にもとづき展開されているのに対して，ベイズ統計学では，客観的な確率だけでなく，判断者の主観や予想などにもとづく主観的な確率も扱うことができる．このため個人の嗜好に合わせた情報サービスなどに，ベイズ統計学が応用展開されてきている理由ともなっている．

8.2　記述統計学の基本概念

8.2.1　母　　数

記述統計学では，母数を求めることで，集団のばらつき具合が要約される．

母数には，位置母数と尺度母数があり，位置母数の代表的なものには，算術平均，幾何平均，中央値（メディアン），最頻値などがある．また，尺度母数の代表的なものには，分散や標準偏差がある．

算術平均（arithmetic mean，相加平均とも呼ばれる）は，いまデータが $y_1, y_2, \cdots, y_n$ として得られたとき，以下で計算される．

$$\overline{y} = \frac{1}{n}(y_1 + y_2 + \cdots + y_n) = \frac{1}{n}\sum_{j=1}^{n} y_j$$

幾何平均（geometric mean）は，相乗平均とも呼ばれ，

$$\overline{y}_G = (y_1 \cdot y_2 \cdot \cdots \cdot y_n)^{\frac{1}{n}} = \sqrt[n]{y_1 \cdot y_2 \cdot \cdots \cdot y_n} = \left(\prod_{j=1}^{n} y_i\right)^{\frac{1}{n}} \quad (y_i > 0)$$

と表現される．幾何平均は，掛け合わせの平均的効果や，比率が連続的に変化していく数値の平均的な変化率に関心がある場合に計算される．例えば，増幅器を複数直列につないで電気信号を増幅する場合の総合的な増幅率や，経済の各年の成長率から複数年での平均成長率を求める場合などが相当する．

通常は，直接上記の計算を行わず，以下のように対数をとった値から算術平均して求めることが多い．

$$\log \overline{y}_G = \frac{1}{n}\sum_{j=1}^{n} \log y_j$$

中央値（median）は，データを大きさの順に並べたときに，その中位に位置する値である．データ数が，奇数個（$n = 2k+1$）の場合は，y_{k+1} に，偶数個（$n = 2k$）の場合には，前後のデータの平均値 $(y_k + y_{k+1})/2$ が中央値となる．

最頻値（mode）は，データの出現頻度を集計して，累積数が最も多い位置の値を指す．

尺度母数である，分散や標準偏差については，以下で定義される．

分散（variance）は，平均からの差の 2 乗和を，データの個数で割ったもので

ある.

$$SD^2(y) = \frac{(y_1-\overline{y})^2+(y_2-\overline{y})^2+\cdots+(y_n-\overline{y})^2}{n} = \frac{1}{n}\sum_{j=1}^{n}(y_j-\overline{y})^2$$

標準偏差(standard deviation)は，分散の平方根をとったものである.

$$SD(y) = \sqrt{SD^2(y)} = \sqrt{\frac{1}{n}\sum_{j=1}^{n}(y_j-\overline{y})^2}$$

8.2.2 尺　　度

母数と説明が前後しているが，データは先に尺度が定義されて，その尺度にもとづいて測定され，母数を求める．測定の尺度には，名義尺度，順序尺度，間隔尺度，比尺度などがある.

名義尺度とは，単なる区分のために用いられる尺度である.

順序尺度とは，順序性のある区分を用いた尺度であり，いわゆるランキングに相当する.

間隔尺度とは，対象の差の大きさを数値の差の大きさで表せる尺度であり，和や差には意味があるが，比率には意味のない尺度である．例えば，体温は平熱からの温度差には意味があるが，平熱という温度をどこに定めるかは一義的には決まらない.

比尺度とは，原点が一義的に定まっている間隔尺度である．この場合，和や差に意味があるだけでなく，比率にも意味がある尺度である．例えば絶対温度や質量などは比尺度であり，その値を使って，加減乗除を行うことができる.

各尺度の関係では，名義尺度＜順序尺度＜間隔尺度＜比例尺度の順に母数としての情報量も多くなる．質的データである名義尺度や順序尺度は，平均値を定義できない．順序尺度では中央値を定義ができる．一方，間隔尺度や比尺度は量的データであり，平均値，中央値，最頻値，標準偏差などが定義できる.

尺度母数の代表的なものには，分散や標準偏差があると説明したが，適切な尺度を与えることで，独自の尺度母数を定義することも可能である.

例えば，品質工学では，システムの機能に対するばらつきの程度を，SN 比と呼ぶ尺度(比尺度)母数を定めて，システムの機能を評価することを可能としている．**第Ⅲ部**では，この内容について詳しく説明する.

II 統計を理解するための基本概念

8.3　ベイズ統計学の基本概念

ベイズの公式（Bayes' rule）

事象 $A_1, \cdots, A_n$ に対して

- $A_1 \cup A_2 \cup \cdots \cup A_n = \Omega$：どれか一つは起こる.

- $i \neq j$ ならば，$A_i \cap A_j = \phi$：同時に起こらない.

このとき

$$P(A_i|B) = \frac{P(A_i)P(B|A_i)}{\sum_{j=1}^{n} P(A_j)P(B|A_j)} \quad (i = 1, 2, \cdots, n)$$

$$P(B) = \sum_{j=1}^{n} P(A_j)P(B|A_j)$$

[問題] ある工場のギヤボックスが A 等級，B 等級で生産される確率はそれぞれ 1/6，5/6 である. 性能試験の合格率は A 等級で 100 %，B 等級で 20 % である. いま，あるギヤボックスを2回続けて性能試験したところ，2回とも合格となった. このギヤボックスが A 等級，B 等級である確率をそれぞれ求めよ.

[解答] A が続けて合格となる確率は $(1/6) \cdot 1^2$ である. B の場合は $(5/6) \cdot (2/10)^2$ である. したがって，この部品が A 等級である確率は

$$\frac{\left(\dfrac{1}{6}\right) \cdot 1^2}{\left(\dfrac{1}{6}\right) \cdot 1^2 + \left(\dfrac{5}{6}\right) \cdot \left(\dfrac{2}{10}\right)^2} = 0.83$$

同様にして B の確率を求めると，答は A：0.83，B：0.17.

これは，ある複数の原因 A_i のどれかから，結果 B が起こったとする. ある原因 A_i から結果 B が起こる確率は，条件付き確率で $P(B|A_i)$ のように決まることより，原因の確率 $P(A_i)$ とから，

$$P(A_i) \cdot P(B|A_i)$$

と計算される. これをすべての $A_i (i = 1, \cdots, k)$ に対して加算することで，結果 B が起こる確率全体が求まる. ベイズの定理は，結果 B のときに原因 A_i

となる確率が, $P(A_i|B)$ として求まることを表している. これは $P(A_i)$ とい
う**事前確率**から, 新しい情報を得ることで**事後確率** $P(A_i|B)$ に更新される.
これを**ベイズ更新**と呼んでいる. ベイズ更新という手続きをとることで, 現時
点で得られた情報で, 確率を修正していくことができる.

　例えば, 電子メールの迷惑メールフィルターの場合, 通常メールか迷惑メー
ルかを, あるキーワード群の出現頻度の確率として, 今回はどちらのメールで
あったかの情報で確率を更新し, 次回は, より確実な分類が行えるようになる.

　またネットショッピングで, 閲覧者の閲覧情報や購買情報から好みそうな商
品を見つけ出し提示するシステムでは, 年齢, 性別, 職業, 収入などが閲覧者
と似た人たちの過去の購買情報などを用いて, ベイズ更新により, 最も購入確
率の高くなる商品を見つけ出して画面に提示することが行われている.

　ベイズ確率は, 近年の情報処理に広く応用されてきている. 迷惑メール対策
のためのベイジアンフィルタや, ビッグデータを扱うスパースモデリング解法
で使われているのがその例である.

8.4　推測統計学の基本概念

　推測統計学では, 母集団全体を調査するのではなく, 母集団から一部の標本
を抜き出す. そして, 母集団の真の姿をこの標本データから推測する立場をと
る. そして母集団の分布をあらかじめ仮定することで, 標本データの要約値を
用いて集団の母数を数学的に記述することを行うと, この章の冒頭に説明した.

　ここでは, 推測統計学の基本概念のみを述べるに留め, その応用展開例は,
第14章で詳しく説明する.

8.4.1　標 本 調 査

　調査の対象となる集団全体を**母集団**(population)と呼ぶ. その母集団の中か
ら一部を取り出して調査が行われた集まりを, **標本**(sample)と呼ぶ. 母集団
全体を調査対象とすることができれば, 母集団特性値が得られ, それらを母平
均, 母分散, 母標準偏差と呼ぶ.

　一方, 母集団の全体を調査しないで標本調査を行う場合には, 標本の特性値
(標本統計量)が得られる. それらを, 標本平均, 標本分散, 標本標準偏差と呼

ぶ. それらの特性値は以下で定義される.

母集団特性値

母集団全体の要素数が n_0, 調査対象データが ω_1, ω_2, $\cdots$, ω_{n_0} であるとき,

母平均(population mean):

$$\mu = \frac{\omega_1 + \omega_2 + \cdots + \omega_{n_0}}{n_0}$$

母分散(population variance):

$$\sigma^2 = \frac{(\omega_1 - \mu)^2 + (\omega_2 - \mu)^2 + \cdots + (\omega_{n_0} - \mu)^2}{n_0}$$

母標準偏差(population standard variation):

$$\sigma = \sqrt{\sigma^2}$$

標本統計量

母数は定数であるが, 標本統計量は確率変数となる. さて, 標本は母集団から**無作為抽出**(random sampling)が行われることによって, 標本は互いに独立で, 抽出される確率が等しいとみなすことができる.

1回の無作為抽出 ω_1, ω_2, $\cdots$, ω_{n_0} により得られる標本の値は, 確率変数 X として考えられる. その X の期待値と分散は, 確率の期待値の計算方法と同様の解釈ができる.

$$E[X] = \omega_1 \cdot \frac{1}{n_0} + \omega_2 \cdot \frac{1}{n_0} + \cdots + \omega_{n_0} \cdot \frac{1}{n_0} = \mu$$

$$V[X] = (\omega_1 - \mu)^2 \cdot \frac{1}{n_0} + (\omega_2 - \mu)^2 \cdot \frac{1}{n_0} + \cdots + (\omega_{n_0} - \mu)^2 \cdot \frac{1}{n_0} = \sigma^2$$

複数の標本調査が行われた場合に(**図8.1**), それらの結果を総合した統計量について調べよう.

無作為に n 個の標本をとる確率モデルは, 互いに独立で, 同じ分布をもつ n 個の確率変数となり,

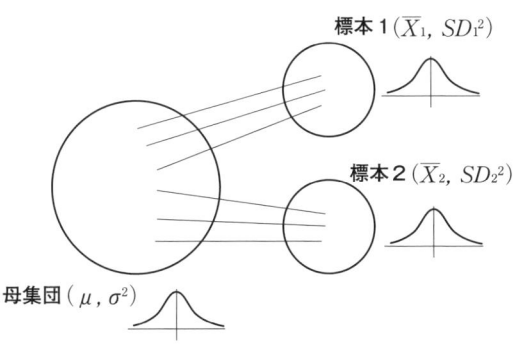

図 8.1 平均 $\overline{X}$, 分散 SD^2 の記号の使い分けについて $(\overline{X}, SD^2)$

$$X_1, X_2, \cdots, X_n$$

それぞれの期待値と分散は,

$$E[X_i] = \mu, \quad V[X_i] = \sigma^2$$

標本平均（sample mean）は以下で定義される.

$$\overline{X} = \frac{X_1 + X_2 + \cdots + X_n}{n}$$

この標本平均 $\overline{X}$ の期待値と分散の定理は,

［定理］

$$E[\overline{X}] = E\left[\frac{X_1 + X_2 + \cdots + X_n}{n}\right] = \frac{1}{n}\{E[X_1] + E[X_2] + \cdots + E[X_n]\}$$

$$= \frac{1}{n}(\mu_1 + \mu_2 + \cdots + \mu_n) = \mu$$

$$V[\overline{X}] = V\left[\frac{X_1 + X_2 + \cdots + X_n}{n}\right] = \frac{1}{n^2}\{V[X_1] + V[X_2] + \cdots + V[X_n]\}$$

$$= \frac{1}{n^2}(\sigma^2 + \sigma^2 + \cdots + \sigma^2) = \frac{\sigma^2}{n}$$

$$\sigma[\overline{X}] = \frac{\sigma}{\sqrt{n}}$$

II

統計を理解するための基本概念

これは標本 X_1, X_2, $\cdots$, X_n の平均値のばらつきであることに注意する．す なわち，n 個の標本の平均値の標準偏差の期待値は，標本数が増えるに従って， $1/\sqrt{n}$ の大きさで小さくなっていき，$n \to \infty$ のとき 0 に収束する．

8. 4. 2　不偏推定量

母集団の母数 a の推定量 $\hat{a}$ に対して，その期待値 $E[\hat{a}] = a$ が成立するとき に，この $\hat{a}$ を a の**不偏推定量**(unbiased estimator)と呼んでいる．

母集団の全数調査を行わない場合は，μ も σ も不明である．標本調査の実施 により，n 個の標本が得られたとして，平均値については，確率モデルから期 待値 $E[\overline{X}]$ を計算すると，前節の結果から，これは母平均の μ と一致する． すなわち，$\overline{X}$ は μ の不偏推定量となっている．

分散についても同様に標本分散と一致するのか，標本分散 SD^2 を計算し， 確率モデルから期待値 $E[SD^2]$ を計算し，母分散と比較してみる．

標本分散(sample variance)：

$$SD^2 = \frac{(X_1 - \overline{X})^2 + (X_2 - \overline{X})^2 + \cdots + (X_n - \overline{X})^2}{n}$$

この期待値 $E[SD^2]$ はどのくらいとなるか．

$$SD^2 = \frac{1}{n} \sum_{j=1}^{n} X_j^2 - \overline{X}^2$$

以下の期待値に関する定理を用いて，

$$V[X_j] = E[X_j^2] - (E[X_j])^2 \qquad \therefore E[X_j^2] = \sigma^2 + \mu^2$$

$$V[\overline{X}] = E[\overline{X}^2] - (E[\overline{X}])^2 \qquad \therefore E[\overline{X}^2] = \frac{\sigma^2}{n} + \mu^2$$

$$E[SD^2] = \frac{1}{n} \sum E[X_j^2] - E[\overline{X}^2]$$

$$= \frac{1}{n} \sum (\sigma^2 + \mu^2) - \left(\frac{\sigma^2}{n} + \mu^2\right)$$

$$= (\sigma^2 + \mu^2) - \left(\frac{\sigma^2}{n} + \mu^2\right) = \frac{n-1}{n}\sigma^2$$

よって，標本分散の期待値 $E[SD^2]$ は母分散 σ^2 とは異なる．

不偏標本分散（unbiased sample variance）：

そこで，U^2 を以下のように定義する．

$$U^2 = \frac{n}{n-1}SD^2 = \frac{(X_1 - \overline{X})^2 + (X_2 - \overline{X})^2 + \cdots + (X_n - \overline{X})^2}{n-1}$$

［定理］

U^2 の期待値は以下となる．これは不偏標本分散となっている．

$$E[U^2] = \sigma^2$$

これまでの結果を利用して，n 個の標本 X_1, X_2, $\cdots$, X_n の2乗和の期待値を求めて整理すると，

$$E\left[\sum_{i=1}^{n} X_j^2\right] = \sum_{i=1}^{n} E[X_j^2] = n(\sigma^2 + \mu^2) = n\mu^2 + \sigma^2 + (n-1)\sigma^2$$

すなわち，X_n の2乗和は，母平均×個数＋母平均のばらつき＋残りのばらつき，に分解されると解釈される．

この結果は，**第Ⅲ部**で述べる，2乗和の分解のところで意味をもってくる．

8.5 ま と め

記述統計学では，集団全体から得られたデータを数値的に集約し，数値化されたデータは，扱う対象や数値化に用いた尺度（名義尺度，順序尺度，間隔尺度，比尺度）で異なる性質があることを説明した．

ベイズ統計学では，条件付き確率の性質を応用して，事前確率，事後確率の概念を利用することで工学的応用が進んでいる．現時点で得られた情報からベイズ更新という手続きをとることで，より個人的な主観に近い確率が得られる．

推測統計学は，集団全部のデータ（母集団）をとることを諦めて，サンプル集団（標本）のデータから要約した数値から，元の母集団の性質（母数）を推測する手法である．特に正規分布については，多くの集団で成立していることが多い

ため，標本を採取することにより，母集団の推測に有力な手法となる．しかしながら過去に調査実績のない集団のデータについては，あらかじめどのような分布を示すのかわからないため，正規分布を仮定して当てはめると判断を誤ることがあり注意が必要である．

　また推測統計学では，偏りの原因を除いた部分の誤差が，ある確率分布（正規分布など）を示すことを前提として理論展開されている．このことは同時に，誤差が正規分布に近づくように，標準に従ったデータ採取の方法や，ランダムな実験順序など，注意深い実験の実施を前提条件として要求している．

　製品開発など工学分野では，時間的・経済的な制約もあるので，むやみにたくさんのデータを採取しても無駄な取組みとなる可能性がある．統計の工学的利用は，品質，コスト，効率性といった観点も考える必要がある．**第III部**の「統計の工学的利用」（**第9章〜第13章**）で詳しく解説する．

演 習 問 題

[**演習8.1**] 正の測定値に対して，算術平均を A，幾何平均を G，調和平均を H とすると，A, G, H との間には，以下の関係が成立することを証明せよ．

$$H \cdot A = G^n$$

なお，調和平均は，以下で定義される．

$$H = \frac{1}{\dfrac{1}{n}\left(\dfrac{1}{y_1} + \dfrac{1}{y_2} + \cdots + \dfrac{1}{y_n}\right)} = \frac{1}{\dfrac{1}{n}\displaystyle\sum_{j=1}^{n}\dfrac{1}{y_j}}$$

[**演習8.2**] 正の測定値に対して，算術平均を A，幾何平均を G としたときに，以下が成立することを証明せよ．$\log\left(\dfrac{1}{n}\sum_{i} y_i\right) \geqq \dfrac{1}{n}\sum_{i} \log y_i$ を証明して，その結果を利用する．

$$A \geqq G$$

参 考 文 献

[1] 林周二：『統計学講義 第2版』，丸善，1973.

[2] 服部哲弥：『統計と確率の基礎 第3版』，学術図書出版社，2014.

[3] 田口玄一：『統計解析 改訂新版』，丸善，1972.

[4] 椿広計，河村敏彦：『設計科学におけるタグチメソッド—パラメータ設計の体系化と新たなSN比解析』，日科技連出版社，2008.

[5] 浅倉史興，竹居正登：『新基礎コース 確率・統計』，学術図書出版社，2014.

[6] 荒木勉(監修)，杉本英二，穴沢務(著)：『Excelで学ぶ経営科学シリーズⅡ 統計解析』，実教出版，2000.

[7] 松本裕行：『確率・統計の基礎』，学術図書出版社，2014.

[8] 松原望：『図解入門よくわかる最新ベイズ統計の基本と仕組み』，秀和システム，2010.

[9] 宮川雅巳：『品質を獲得する技術—タグチメソッドがもたらしたもの』，日科技連出版社，2000.

[10] 廣瀬英雄，藤野友和：『確率と統計—Webアシスト演習付』，培風館，2015.

Ⅱ

統計を理解するための基本概念

第 9 章

品質工学とは何か

第Ⅲ部では，製品開発で重要視されている品質工学についての説明を行う．特に，工学分野で最も重要視されている QCD と「ばらつき」とのかかわりについて詳しく解説し，品質工学がどのようにしてその課題に取り組もうとしているのか，いくつかの例を挙げながら説明する．

また，品質工学を用いた製品開発の実践で不可欠な概念である，変動，SN比と感度，直交表，パラメータ設計について各章を設けて，詳しく説明する．

第 9 章〜第 13 章の第 1，第 2 節は基本事項で，それ以降の節は少し発展的な内容で分けてある．理論的な詳細よりも，品質工学の実践方法が知りたい人は，第 1，第 2 節と，まとめの節だけを，先に読み進めていただきたい．

9.1 ばらつきを減らすことの意味

9.1.1 ばらつきと QCD の関係

工学分野で何らかの開発を手掛ける場合，ほとんどの場合は QCD の課題を考えながら進めていくことが要求される．Q とは Quality（品質）であり，C とは Cost（コスト），D とは Delivery（納期）である．品質を高めつつ，可能な限りコストを下げ，納期に間に合うように開発を終える．

一見ばらつきとは何の関係もないことのように思えるかもしれない．ここで，使い捨てカイロの開発者になったと仮定して，次のことを考えてほしい．

- **品質**について：もし出荷した製品の一部で低温やけどを起こすほどの異

常加熱が起きてしまったら．とても快適とは思えないほどの低い温度し
か加熱しなかったら．あるいは持続時間として表示していた5時間より
もはるかに短い時間でしか温度が持続しなかったら．

- **納期について**：実験室で開発を終えた成分組成と構造のカイロを，工場
の生産ラインで実際につくり始めたところ，製品の性能にばらつきが生
じた．ほとんどの製品を出荷検査に合格する範囲に収まるよう，設計時
に予定していた性能となるように**再現性**(reproducibility)を向上させ，
納期に間に合わせる必要が出た．

- **コストについて**：開発コストを圧縮するために，標準的な使い方で性能
測定をして早く設計を終え，工場での生産・出荷までこぎつけた．とこ
ろが，市場で品質上のクレームが発生し，リコール回収が必要となった．
クレーム対応するために，標準条件に新たな条件を追加して開発をやり
直すことになった．あるいは別の例として，これまで九州地区のみの販
売だった製品を，全国に展開することにしたが，これまでの製品は寒冷
地では性能が出なかったので，寒冷地向けに新たな組成を開発して出荷
した．ところが寒冷地向け製品を旅行先の九州で使用されたためにトラ
ブルが発生し，クレームにつながった．

　あなたが開発者だとしたら，あまり聞きたくない話ばかりである．しかし，
上記のたとえ話は，製品の性能のばらつきが原因で引き起こされる，QCDへ
の悪影響とみることができる．

　何らかのトラブルが起きて，初めて，消費者は品質のことに気づく．ふだん
何気なく使っている製品の，当然と思われている製品性能の裏側には，開発者
たちの努力が，実は隠れているのである．

　もしも小規模な実験で決めた実験室での設計条件が，そのまま工場の大量生
産ラインでも再現し，性能のばらつきが極めて少ない製品を製造することがで
きたらどうであろうか．そして，どこの地域でどのような使われ方をしても，
保証時間で適正温度が持続していればどうであろうか．性能のばらつきが少な
いことは，製造者側だけでなく消費者側にもQCDの観点からも，大きなメリ
ットを相互にもたらすことになる．

　品質工学では，ばらつきが発生する原因を，**機能のばらつき**として，次のよ

うに考えている[1].

- **内乱**：材料の劣化や摩耗などで，初期の公称値や設計値からずれること．
- **外乱**：消費者の使用条件や環境条件の違いのこと．
- **製造上のばらつき**：生産を続けていくうちに，製造工程の状態が変化して，寸法などの何らかの特性値がずれて製造されていること．

品質工学では，この**機能**(function)のばらつきは製品の出荷後にユーザーが被る**社会損失**(loss to society)であると考え，コストに換算する．機能のばらつきによる損失と合わせて，品質工学では，「**品質とはその製品が出荷後社会に与えた損失である**」として，次の要素の和で定義している．

$$品質＝機能のばらつきによる損失＋使用コスト＋弊害項目による損失$$

使用コストとは，製品を使用するのに電力や消耗品が必要なことなど，がその例である．弊害項目による損失とは，廃棄物が出る，騒音や有害物質が出るなどがその例である．

品質工学では，**出荷前の損失(生産コスト：メーカーの損失)＋出荷後の損失(品質：ユーザーの損失)を最小にすることを基本理念**としている．

9.1.2　機能のばらつき低減の方法

品質工学では，次の考え方で，機能のばらつき低減を実現しようとする．

機能は，ユーザーの使用条件や使用環境によって変化することがあり，それが機能のばらつきとなって現れる．このユーザーの使用状況にかかわらず，機能のばらつきが最も小さくなる設計パラメータを探して，製品を設計する．それによりユーザーの使用条件や使用環境にも影響されずに同様の機能を示すことができる．すなわち，**ロバストな(頑強な)システム**(system)が実現される．

ここまで機能という言葉を何気なく使って説明してきた．機能とは，製品の備える性能である．別の言い方をすれば，何らかの入力信号に応じて変化する出力があり，その入出力関係の関数のことである．入力の値が固定された機能しか消費者は使っていない場合もある．開発者は自由にそのような機能の出力を変化させることができて，消費者のために調整して入力を固定している場合もある．前述のカイロの例でいえば，発熱反応の組成を変えて発熱温度を消費

者の望む温度帯に調整するのも機能である．持続時間も機能であり，例えば内容量を増減させて5時間になるよう調整し，持続時間が固定されて提供される．

9.2　品質工学の工学的応用例

　前述の使い捨てカイロの開発では，原料の組成やカイロの構造などを検討して，消費者の多様な使用条件に適しているかを，品質工学にもとづいて数値的に評価して設計解を求める．つまり，カイロが通勤途上の屋外や車内，オフィス内などのさまざまな温度条件下に置かれた場合を想定する．そして発熱反応が弱すぎたり強すぎたりしないで継続的に起きているかどうかを，幅広い設計条件を与えて，しかも可能な限り効率的な試作品の数で評価して最終設計を決める．これが**パラメータ設計**(parameter design)と呼ばれる方法である．

　品質工学の応用の，別の例を挙げる．製品は通常，多数の部品を組み合わせてつくられている．部品のそれぞれには規格があり，国内外の多数の企業が同じ部品もしくは同等品を製造し，提供している場合が多い．製品製造メーカーは，部品メーカー各社の部品のなかからどれか一つを選定し，調達する必要がある．カタログ記載の標準仕様が満たされているのは最低条件だが，価格の安さだけを選定理由に選ぶとトラブルを生むことがある．出荷後間もなくその部品性能が低下して，故障し修理に至るためである．**機能性**(functionality performability)**評価**と呼ばれる方法は，さまざまな環境条件下でも機能のばらつきが生じないかを，部品の調達時にチェックする目的で利用される．

　品質工学は総合計測手法とも呼ばれている．その具体例として，多数のセンサーから得られたデータのわずかなばらつき変化の情報を処理して予測する，**マハラノビス・タグチシステム**(Maharanobis-Taguchi system：MT システム)と呼ばれる方法がある．多数のセンサーから得られた情報を利用して，目視や通常の画像処理では見過ごしてしまう不良品を検出できる．

9.3　品質工学を構成する主要概念

　品質工学には，品質を高めるための考え方としていくつかの重要な概念があり，それらを合わせて一つの体系として考えることができる(**図9.1**)．品質工学を具体的な問題に適用する場合には，各主要概念のステップごとに，取り組

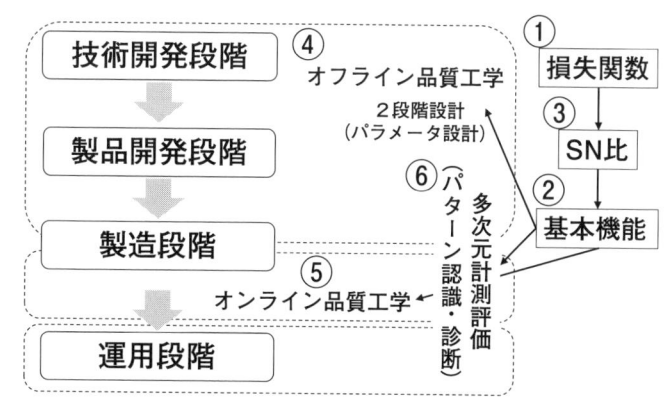

図 9.1　品質工学の主要概念

む問題に適するものをそれぞれ研究して，成功に近づける努力が必要である．

9.3.1　損失関数

損失関数(loss function)とは，機能のばらつきから生じる損失を，コストに換算するために考え出された関数である．目標値と一致している場合には損失はゼロであり，目標値から離れるに従って損失が増大するという考え方を表現している．消費者側の損失と，生産者側の損失のバランスをとることを，この損失関数にもとづいて行う(**図 9.2**)．

通常，企業は不良品を外部に出さないために出荷検査を行い，目標値 m から**許容差**(tolerance)Δ の範囲内に収まる製品だけを出荷するようにしている．問題のあるものは出荷前に見つけ除かれているはずであるが，現実には消費者の下で多くのトラブルが起きている．この原因として，新品状態の検査では何ら問題がなくても，使っているうちに一部の部品に劣化が進み，不具合を起こすなど，将来の不具合の状態を出荷時に予測できていないことが挙げられる．

損失関数は，消費者の使用環境よりもさらに厳しい種々の環境下(ストレステスト)でのばらつきを計測することで目標値からのずれを求めて，コストに換算するという使われ方をする．出荷検査などで合格範囲に入っている部品についても，目標値からのこのずれがあれば，そのずれに応じた潜在的な損失が内包されていると考えるのである．

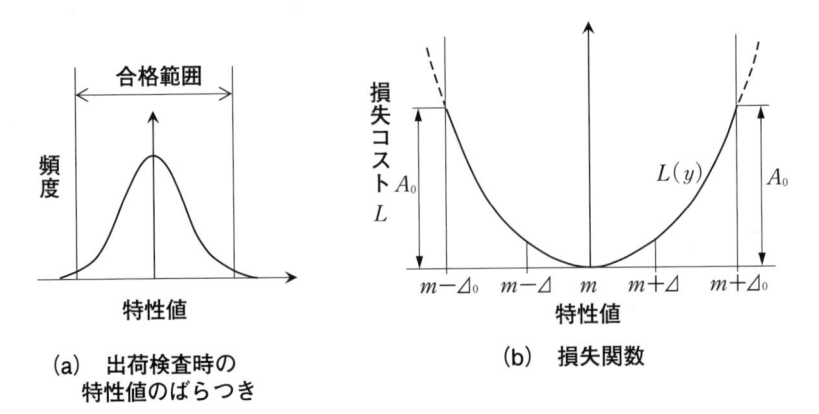

図9.2　損失関数

　時間が経つにつれて品質が低下するような部品は，ストレステストのときにも，その兆候がはじめから「ばらつき」として見えるのである．損失関数は，初期品質だけでなく，時間が経つにつれて品質が低下することによる将来的なリスクを，コストという経済的な視点で検討することを可能としている．

9.3.2　基本機能

　機能とはシステムのもつ働きであり，入力信号に応じて変化する出力があり，その入出力関係の関数であると説明してきた．

　カイロの例では，発熱温度や，持続時間も機能であると説明した．しかし，品質工学ではこれらを目的機能と呼び，基本機能とは区別する．

　基本機能（generic function）とは，システムの**目的機能**（objective function）を実現するための，技術手段となる働きといわれている．使い捨てカイロの例では，カイロのもっと根本的な働きを基本機能とする．技術者が自分の技術で扱えるレベルの本質的な機能を考えて，基本機能とする．この基本機能は，唯一存在するのではなく技術課題に応じて異なり，研究が必要となっている．

　カイロの研究事例[2]によると，カイロ自体は鉄粉が酸化する際の化学反応を利用しているため，自然現象に従えば指数関数的な化学反応カーブを示すことになる．しかし，これをカイロに応用する場合には，急に高温になって，その後ゆるやかに発熱が続くよりも，発熱が同じ状態で長く続くほうが消費者にと

っては望ましい．反応を「指数関数カーブ」から，人為的に「直線」に近づける方法を検討するのが工学的アプローチである．自然現象が成立する条件を分析し，詳しく説明しようとする科学的アプローチとは，ここで大きな違いが生じてくる．カイロの例では，空気の供給を調整するなどの手段を検討して化学反応カーブを「直線」に近づける問題を解決する．

論文によれば，基本機能を，総発熱量 Y が時間 T に対して，ゼロ点比例式 $Y = \beta T$ となることをカイロの理想として当初は考えていた．さらに調査を進めると，各時間内の発熱量 y が，時間 M と発熱組成物の量 M^* の間に，$y = \beta MM^*$ の関係が，より良い基本機能として成立したと報告している．

このように，基本機能は机上の考察だけでは満足されない場合があり，現実世界での確認と合わせながら決定していくことが重要である．

開発において目的機能に注目するのではなく，基本機能を考える理由は，以下の理由からである．目的機能は個々の異なる要求となっていて，それぞれを満足させようとすると矛盾を招くことがある．基本機能は，それぞれの目的機能に影響を与える根元的な機能となっており，基本機能を**理想状態**(ideal function)に近づければ，目的機能も同時に満足されるためである．

使い捨てカイロの研究では，基本機能を用いたパラメータ設計を行い，消費者の使用条件に対してばらつきの少ないカイロを設計している．現行カイロよりも30％少ない組成物量でも現行カイロとほぼ同じ発熱温度を示した．組成物量の調整で，現行カイロと同じ持続時間にすることが十分可能と報告された．

システムチャートについて触れておく．基本機能に何を選ぶかを検討する際には，システムチャートといわれる図を作成し，システム全体の関係性を整理することが推奨されている(**図 9.3**)．

システムチャートには，入出力関係，設計条件，外乱・環境・負荷などを記

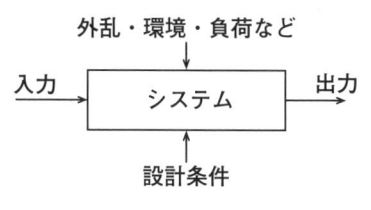

図9.3 システムチャート

統計の工学的利用

入する．入出力関係は，基本機能に対応する．

　設計条件は，システムの設計に際して設計者が決めることのできる寸法や組成などの設計パラメータを指定する．外乱・環境・負荷などには，設計者があらかじめ特定の値で固定できない環境パラメータを指定する．消費者の多様な使用条件という観点から，システムの機能に影響を与えて出力結果を変えそうな，外乱・環境・負荷パラメータを選ぶ．

　品質工学では，設計条件は**制御因子**(control factor)といい，外乱・環境・負荷などは**誤差因子**(noise factor)という用語を用いている．

9.3.3　SN比

　SN比(signal-to-noise ratio：S/N ratio)とは，前述の損失関数のところで触れたばらつきを，「機能のばらつき」として数値化したものである．QESS 1001：2007の品質工学用語の定義[3]によれば，「SN比は，特性値の変動のうち，信号の効果の大きさと，望ましくない要因の効果の大きさとの比」とある．「信号の効果は，理想関数通りに出力を変化させることができる有用な成分であり，例えば比例項がある．望ましくない要因の効果とは，出力が意図せずに変化する成分であり，例えば，ノイズの効果や，信号の効果が理想関数からばらつく効果がある．」とされている．

　SN比という用語は，品質工学だけでなく，通信や計測分野でも使われてきた用語である．電子通信用語としては「希望信号電力と，これに混入している雑音電力との比」であり，計測用語としては「信号パワーの雑音パワーに対する比，普通はデシベルで表す」と定義されている．

　これらに共通することは，信号と雑音の比の値を，新たな比尺度として定義し，雑音が小さく，信号が大きいものほど高い値を示す．品質工学のSN比は，さらに一般的な概念として再定義されている．SN比が高いときには，システムの入力と出力の関係(基本機能)に対して，外乱などに影響されない，システムのあるべき姿が保たれている状態となっている(図9.4)．

9.3.4　オフライン品質工学(2段階設計，パラメータ設計)

　オフライン品質工学(off-line quality engineering)とは，システムの設計を

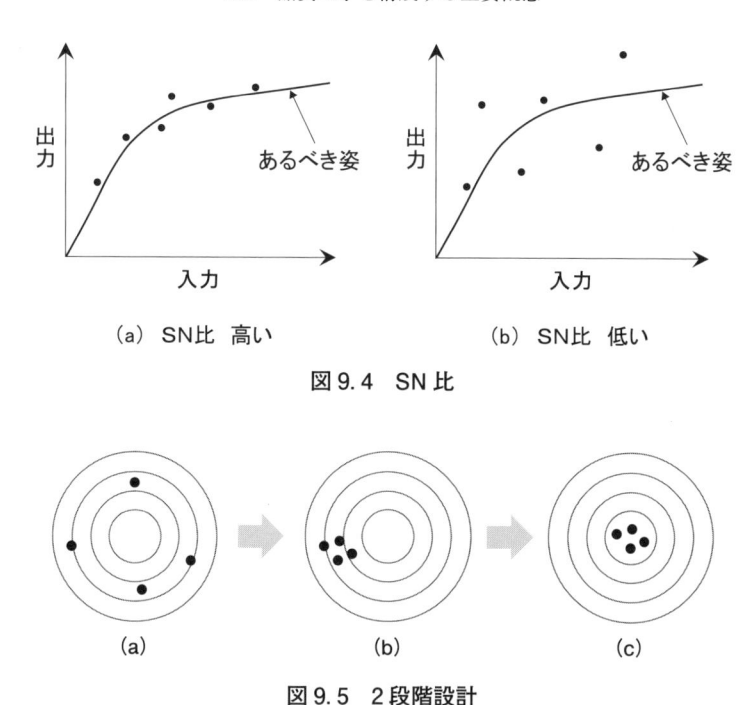

図9.4　SN 比

図9.5　2段階設計

対象とした品質工学のことであり，**パラメータ設計**(parameter design)とも呼ばれている[1]．この基本的な考え方を**図9.5**に示す．

　的の中心にすべての弾が当たることを最終目標とした場合に，はじめから的の中心を狙って設計条件を探すことをしない．**図9.5**(a)→(b)のように，まずは的の中心を外れてもばらつきが小さくなるような設計条件を探す(第1段階の設計)．次に，(b)→(c)のように，その偏りを修正する(第2段階の設計：two step optimization)というアプローチを採用する．

　ばらつきを引き起こす要因はさまざまである．いきなり目標の中心を目指して設計条件を少しずつ変化させても，その変化に応じてばらつきも変わってしまうことが多く，ばらつきを減らすことは非常に難しい．むしろ，ばらつきを減らす設計条件を先に調べてばらつきを小さくする．そして次に，ばらつきには影響を与えずに目標への修正が可能なパラメータを用いて，中心に移動させるというアプローチをとる．

9.3.5　オンライン品質工学

オンライン品質工学(on-line quality engineering)とは，製造段階で用いる品質工学のことである[4]．オンライン品質工学は，工場の製造ラインの運用に使われることを想定しており，管理コストなどを考慮しつつ，種々の状況で発生する損失を改善する理論となっている．内容を大きく分類すると，工程水準の維持，陰故障の管理，陽故障・潜在陽故障の予防についての理論がある．

工程水準の維持では，許容差，コスト，品質を関連づける最適な計測管理の理論である．ここでは，**フィードバック制御**(feedback control)による工程水準の維持のために，品質特性によるフィードバック制御や計測誤差のフィードバック制御の方法が提案されている．

製造設備の工程が止まらずに，不良品をつくり続けるタイプを陰故障という．また，故障すると工程が停止したり，事故につながったりするタイプを陽故障という．さらに潜在陽故障とは，陽故障の防止のために安全装置や安全対策をとっていたにもかかわらず，陽故障の際に，安全装置も壊れていて事故につながるタイプをいう．

また，製造設備の故障に対する，健全な工程のための管理問題の理論として，陰故障のシステム要素による改善，陽故障の予防，潜在陽故障の予防(安全装置の管理)についての理論がある．

9.3.6　多次元計測評価(パターン認識・診断)

多次元計測評価は，一般的には**MTシステム**(Maharanobis-Taguchi system)と呼ばれている．これは，マハラノビス・タグチシステムの略で，それぞれインドの統計学者のプラサンタ・チャンドラ・マハラノビスと，日本の田口玄一の名前からとられている．

MTシステムは，マハラノビス距離という概念を用いて，パターン認識を行うことを可能とし，判別，推定，予測，診断といった問題を解決する[5]．特に，正常／異常の区別に対して，正常集団のデータを用いて**単位空間**(unit space)を定めて，調査対象のマハラノビス距離を算出する．原因がさまざまな異常グループでは，マハラノビス距離が大きく算出されるために，異常な対象を容易

に検出することが可能となる.

9.4 ま と め

この章では,まず,製品が市場で使われる際に起きる,ばらつきを原因とした悪影響について紹介し,そのばらつきを減らすことの意味を説明した.この課題に対処するためには,以下の考え方が非常に重要であった.製品が消費者の下で使われる際に発生したトラブルは,**使う環境によって機能がばらつくことが原因である**と考える.そして,このような考え方をすれば,設計の段階でも事前に対策を立てることが可能となることを説明した.

9.1節では,工学分野では QCD の考慮が非常に重要で,それは試作数や実験条件数,測定法,評価方法にまでかかわってくることを説明した.体系的な進め方が品質工学のなかで提唱されていることを説明した.そして効率的な開発を進めることがいかに重要かを,使い捨てカイロの設計の場合を例として挙げた.

9.2節と9.3節では,品質工学がどのような体系でこれらの問題を解決しようとしているのかについて,その全体像を概観した.

次章からは品質工学について解説していく.

演 習 問 題

[**演習 9.1**] 自分の身近な製品で,ばらつきが原因で起きたトラブルの体験例を挙げよ.

[**演習 9.2**] 品質・コスト・納期について,開発の際の優先順位を考えよ.またその理由を述べよ.

[**演習 9.3**] 品質工学を応用できそうな製品開発例を考えよ.どのような環境変化に対して影響を受けない設計とするのか説明せよ.

参 考 文 献

[1] 田口玄一・横山巽子:『ベーシックオフライン品質工学』,日本規格協会,2007.

Ⅲ 統計の工学的利用

[2] 下田博司：「カイロの品質工学」，『品質工学』，Vol. 3，No. 6，pp. 28-34，1995.

[3] 矢野宏：『品質工学概論』，日本規格協会，2009.

[4] 田口玄一，横山巽子：『ベーシックオンライン品質工学』，日本規格協会，2009.

[5] 立林和夫，手島昌一，長谷川良子：『入門 MT システム』，日科技連出版社，2008.

第 10 章

ばらつきの数理的解析

この章では，実験から得られた測定データから，ばらつきを増減させる設計パラメータについて調べる方法について説明する．データ構造式と呼ぶ数学モデルを利用して，ばらつきデータの分析方法について学んでいく．

なおこの章では，統計モデルから導かれる分散 V および，変動 S という用語に対して，測定データから得られた数値ばらつきに対しては，平均平方（mean squares）MS，2乗和（sum of squares）SS という用語を用いて区別する．品質工学の書籍において，これらは明確に区別されていない場合があるので，この点に留意されて読み進めていただきたい．

10.1　ばらつき寄与率の調査

ここでは，ばらつきの評価方法として，次の問題を考えてみよう．

[例題]　ある工場での袋詰め工程において，作業効率を高める複数の袋詰め方法の効果を調べようと考えた（表 10.1）．袋詰めの方法を制御因子 A として実験を行い，重量を測定し，目標値である 50 g からの差として，表 10.2 の結果

表 10.1　因子 A の内容と水準

	水準		
	1	2	3
袋詰め方法	方法 1	方法 2	方法 3

表 10.2　目標値からの差の測定結果

	1	2	3	4
A_1	1.0	2.0	2.0	1.0
A_2	3.0	4.0	3.0	3.0
A_3	1.0	2.0	0.0	1.0

が得られたとする．この結果を利用するには，以下の疑問に答えられる分析が必要である．

　Q1：取り上げた因子は効果があるといえるだろうか．

　Q2：効果があるとしたら，その最適な水準は $A_1 \sim A_3$ のどれになるだろうか．

　Q3：最適水準では，どの程度の特性値となるであろうか．

　これらの疑問に対して，まず以下のように分析方針が立てられるであろう．

　もし袋詰め方法（因子 A）を変える（水準を変える）ことで，目標値からの差が大きくなる（あるいは小さくなる）など，何らかの効果があれば，測定データに反映されるはずである．因子 A の水準を変えて値が変化すれば，それぞれの水準を用いたときの平均値は，全体の平均値よりも差が出ているはずである．

　また測定データには，測定誤差が含まれており，その結果で測定値がばらついているのかもしれない．ばらつきの情報は，「各測定値 − 平均値」のなかに含まれているはずである．それぞれの制御因子を選んだことによる効果分には，測定誤差が加味されているかもしれないため，因子の効果と測定誤差の影響をそれぞれ分離しておきたい．

　そして，「因子の効果」と「測定誤差によるばらつき」を分離できたら，それぞれの大きさを比較する．「因子の効果」が「測定誤差によるばらつき」よりも大きな値であれば，「因子の効果」があったと判断する．測定誤差によるばらつき程度しかなければ，この実験結果からは因子による効果は見られなかったと判断する．

　さて，「各測定値 − 平均値」という差分の情報であるが，プラスとマイナスの値が出てくるため，そのままの計算値を用いて平均をとると差分の情報が打ち消されてしまう．

　|各測定値 − 平均値|という差分の絶対値で計算をすれば，すべて正の値となるので，個々の変化の情報が打ち消されることなく処理が可能となる．

　しかし，差の絶対値の和よりは，「各測定値 − 平均値」の2乗和を使うのがより望ましい．というのも，差の2乗和は，変動の分解と呼ばれる方法が使えて，測定誤差や制御因子の効果の分離が数学的に簡単に行えるからである．

　さて，今回の問題を解くための理論背景は，次節で詳しく説明することとして，ここでは実際の解き方を見ていこう．

　Q1：→寄与率を求めて因子 A の効果の程度を判定する．

　Q2：→要因効果図を作成して最適水準を判断する．

　Q3：→最適水準での値を推定する．

さて，例題のQ1に対する解答として，寄与率の表を作成する．まず，測定結果の全平均値 $\overline{\overline{\mu}}$ を求める．

$$\overline{\overline{\mu}} = \frac{1}{12}\{(1.0+2.0+2.0+1.0)+(3.0+4.0+3.0+3.0)$$

$$+(1.0+2.0+0.0+1.0)\} = 1.91667$$

次に，因子 A の水準ごとの平均 $\overline{\mu}_i$ と，全平均 $\overline{\overline{\mu}}$ との差を求める．

$$\overline{\mu}_1 = \frac{1.0+2.0+2.0+1.0}{4} = 1.50$$

$$\overline{\mu}_2 = \frac{3.0+4.0+3.0+3.0}{4} = 3.25$$

$$\overline{\mu}_3 = \frac{1.0+2.0+0.0+1.0}{4} = 1.00$$

$$\overline{\alpha}_1 = \overline{\mu}_1 - \overline{\overline{\mu}} = 1.5 - 1.91667 = -0.41667$$

$$\overline{\alpha}_2 = \overline{\mu}_2 - \overline{\overline{\mu}} = 3.25 - 1.91667 = 1.33333$$

$$\overline{\alpha}_3 = \overline{\mu}_3 - \overline{\overline{\mu}} = 1.0 - 1.91667 = -0.91667$$

　因子 A を変化させることによるばらつきを，2乗和（因子 A による変動）SS_A で計算する．また，すべての測定値の2乗和を，全変動 SS_T として計算

する．測定値個数分の一般平均の 2 乗和を一般平均変動 SS_m として計算する．
さらに，測定値と平均値との差の 2 乗和を個体差変動(誤差変動)SS_e として計
算する．

$$SS_A = 4 \times \{-(0.41667)^2 + (1.33333)^2 + (-0.91667)^2\} = 11.1667$$
$$SS_T = (1.0^2 + 2.0^2 + 2.0^2 + 1.0^2) + (3.0^2 + 4.0^2 + 3.0^2 + 3.0^2)$$
$$+ (1.0^2 + 2.0^2 + 0.0^2 + 1.0^2) = 59.0$$
$$SS_m = n \cdot \overline{\overline{\mu}}^2 = 12 \cdot (1.91667)^2 = 44.0835$$
$$SS_e = (y_{A_11} - \overline{\mu}_1)^2 + (y_{A_12} - \overline{\mu}_1)^2 + \cdots + (y_{A_34} - \overline{\mu}_3)^2$$
$$= (1.0 - 1.5)^2 + (2.0 - 1.5)^2 + \cdots + (1.0 - 1.5)^2$$

実は，SS_e については，次節で説明する 2 乗和の分解と呼ぶ関係が成立して
いるので，既に計算した値を用いて以下のように計算できる．

$$SS_e = SS_T - SS_m - SS_A = 59.0 - 44.0835 - 11.1667 = 3.7498$$
$$f_T = 3 \times 4 = 12, \quad f_m = 1, \quad f_A = 3 - 1 = 2, \quad f_e = 3 \times (4 - 1) = 9$$
$$MS_A = SS_A / f_A, \quad MS_e = SS_e / f_e$$

標本から計算したこれらの変動の値は，本来の値よりもまだ少し大きいと考
えられている．8.4.1 項で，標本平均の期待値を算出したときに，標本平均値
には，σ^2/n 程度のばらつきがあることを示していた．次節以降で示すが，変
動の計算中に，平均値の 2 乗和の演算が含まれるたびに，σ^2 のばらつきが含
まれてくることが期待値計算によってわかってくる．

　この補正を行った変動を**純変動** S' と呼び，以下の計算を行う．

$$S'_e = S_e + (f_m + f_A) \times \sigma_e^2$$
$$S'_A = S_A - f_A \times \sigma_e^2$$
$$S'_m = S_m - f_m \times \sigma_e^2$$

次節で説明するが，誤差の平均平方は，$MS_e = SS_e / f_e$ と得られるため，分散
σ_e^2 が，誤差の平均平方 MS_e で代用できるのならば，それぞれの純変動を推定
することができる．したがって，

$$MS_e = SS_e/f_e = 3.7498/9 = 0.416650$$

$$SS'_m = SS_m - f_m \times MS_e = 44.0835 - 1 \times 0.416650 = 43.6668$$

$$SS'_A = SS_A - f_A \times MS_e = 11.1667 - 2 \times 0.416650 = 10.3334$$

$$SS'_e = SS_e + (f_m + f_A) \times MS_e = 3.7498 + (1+2) \times 0.416650 = 4.9998$$

寄与率 ρ は，全変動に占める純変動の割合として求められることから，

$$\rho_m = \frac{SS'_m}{SS_T} \times 100 = \frac{43.6668}{59.0} \times 100 = 74.012$$

$$\rho_A = \frac{SS'_A}{SS_T} \times 100 = \frac{10.3334}{59.0} \times 100 = 17.514$$

$$\rho_e = \frac{SS'_e}{SS_T} \times 100 = \frac{4.9998}{59.0} \times 100 = 8.474$$

これらの計算結果から，寄与率を表としてまとめると**表10.3**となる.

表10.3 寄与率表

変動要因	2乗和 SS	自由度 f	平均平方 MS	純変動 SS'	寄与率 ρ
S_m	44.0835	1	44.0835	43.6668	74.012
S_A	11.1667	2	5.5833	10.3334	17.514
S_e	3.7498	9	0.41665	4.9998	8.474
S_T	59.0000	12		59.0000	100.000

この表は寄与率 ρ が誤差変動 S_e の寄与率よりも高い因子は，出力に変化を与える割合が高いということを意味している. もしも実験条件が適切に管理されていて，別の因子でも実験データを区分できるならば，SS_e はさらに変動の分解を行える. 因子数を増やしてさらに細かく寄与率の分析が可能となる.

［解答 A 1］

例題では $\rho_A = 17.514$，$\rho_e = 8.474$，すなわち，$\rho_A > \rho_e$ が成立し，因子 A の効果ありと判定される.

［解答 A 2］

母平均の推定値は，標本平均より

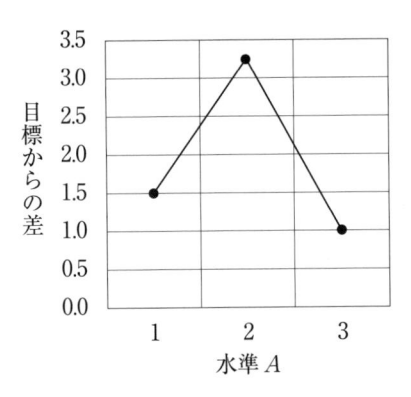

図 10.1　要因効果図

$$y_1 = \overline{\alpha}_1 + \overline{\mu} = 1.500$$

$$y_2 = \overline{\alpha}_2 + \overline{\mu} = 3.250$$

$$y_3 = \overline{\alpha}_3 + \overline{\mu} = 1.000$$

要因効果図は**図 10.1**となる.

最適水準は，A_3 の袋詰め方法 3 である.

［解答 A 3］

最適水準，A_3 のときの目標値からの差は 1.0 g となる.

　今回の結果では，因子 A の寄与率の結果から，因子 A の袋詰め方法を変えると効果があることが確認された.

　この内容を深く理解するために，実験データの構造式モデルという考え方と，変動の分解について次節で解説する.

10.2　変動の分解

10.2.1　データ構造式

　実験データ y_{ij}（水準数 $i = 1, \cdots, k$，繰り返し数 $j = 1, \cdots, n$）の構造を以下のように表せると仮定する.

$$y_{ij} = \mu_i + \varepsilon_{ij}$$

μ_i：水準 A_i での y_{ij} の期待値（母平均）

ε_{ij}：実験誤差（残差）

　ここで，母平均 μ_i の平均を

$$m = \frac{1}{k}\sum_{i=1}^{k}\mu_i$$

として，

$$\mu_i = m + (\mu_i - m) = m + \alpha_i$$

$$\text{ただし，}\sum_{i=1}^{k}\alpha_i = \sum_{i=1}^{k}(\mu_i - m) = 0$$

$$y_{ij} = m + \alpha_i + \varepsilon_{ij}$$

m：一般平均（母平均の平均）

α_i：因子 A の主効果

と書き直すことができる．すなわち，各実験データは，一般平均 m に水準 i での因子 A の主効果（main effect）α_i が加わり，その 2 つの値だけでは説明できないランダムな値の実験誤差（残差）ε_{ij} が加わる，としたデータ構造のモデルで考えるのである（図 10.2）．

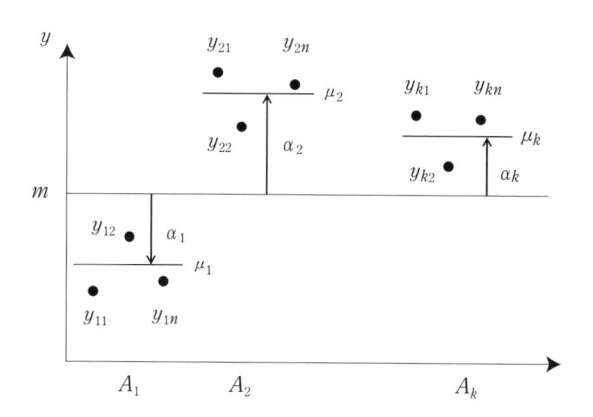

図 10.2　各水準の平均値 μ_k と主効果の推定値 α_k との関係

10.2.2　一般平均と主効果の推定

データ構造式に現れている，一般平均 m，主効果 a_i，実験誤差 ε_{ij} の値は母集団の母数などであり，不明であるため，標本から得られた測定値からそれらの値を推定する必要がある．この推定値を得るためには，実験データの測定値と推定値との差の 2 乗和を最小にする最小二乗法の考え方を用いて関係式が得られる．推定値には，記号の上に($\hat{}$)をつける．

$$y_{ij} = \hat{\mu} + \hat{a}_i + \hat{\varepsilon}_{ij}$$

一般平均 m の推定値 $\hat{\mu}$，主効果 a_i の推定値 $\hat{a}_i$ は，以下により求められる．今，測定誤差(残差)の平方和を Q とする．残差を最小にするように，Q を $\hat{\mu}$，$\hat{a}_i$ についてそれぞれ微分し，微分値がゼロとなる点が最小値となることより求める．

$$Q = \sum_{i=1}^{k}\sum_{j=1}^{n}\hat{\varepsilon}_{ij}^{2} = \sum_{i=1}^{k}\sum_{j=1}^{n}\left(y_{ij} - (\hat{\mu} + \hat{a}_i)\right)^2$$

$$\left\{ \begin{array}{ll} \dfrac{\partial Q}{\partial \hat{\mu}} = -2\sum_{i=1}^{k}\sum_{j=1}^{n}\left(y_{ij} - (\hat{\mu} + \hat{a}_i)\right) = 0 & (10.1) \\[3mm] \dfrac{\partial Q}{\partial \hat{a}_i} = -2\sum_{j=1}^{n}y_{ij} - 2\sum_{j=1}^{n}\left(-(\hat{\mu} + \hat{a}_i)\right) = 0 \quad (i = 1, \cdots, k) & (10.2) \end{array} \right.$$

この式を整理して，$\sum_{i=1}^{k}\hat{a}_i = 0$ などを利用して式(10.1)より，

$$\sum_{i=1}^{k}\sum_{j=1}^{n}y_{ij} - \sum_{i=1}^{k}\sum_{j=1}^{n}\hat{\mu} = 0$$

$$\therefore \hat{\mu} = \frac{1}{kn}\sum_{i=1}^{k}\sum_{j=1}^{n}y_{ij}$$

また式(10.2)より，

$$\sum_{j=1}^{n}y_{ij} - n\hat{\mu} - n\hat{a}_i = 0 \quad (i = 1, \cdots, k)$$

$$\mu_i = \frac{1}{n}\sum_{j=1}^{n}y_{ij} \ とおくと，$$

$$\therefore \hat{a}_i = \frac{1}{n}\sum_{j=1}^{n}y_{ij} - \hat{\mu} = \mu_i - \hat{\mu}$$

以上より，

$$y_{ij} = \hat{\mu} + \hat{\alpha}_i + \hat{\varepsilon}_{ij} = \mu_i + \hat{\varepsilon}_{ij}$$

をデータの分解式と呼ぶ．これらの推定値は，総和がゼロとなるなどの，以下の関係がある．$n = 2$ の場合で，具体的に見ていくと，

$$y_{11} = \hat{\mu} + \hat{\alpha}_1 + \hat{\varepsilon}_{11}$$
$$y_{12} = \hat{\mu} + \hat{\alpha}_1 + \hat{\varepsilon}_{12}$$
$$y_{21} = \hat{\mu} + \hat{\alpha}_2 + \hat{\varepsilon}_{21}$$
$$y_{22} = \hat{\mu} + \hat{\alpha}_2 + \hat{\varepsilon}_{22}$$
$$\vdots$$
$$y_{k1} = \hat{\mu} + \hat{\alpha}_k + \hat{\varepsilon}_{k1}$$
$$y_{k2} = \hat{\mu} + \hat{\alpha}_k + \hat{\varepsilon}_{k2}$$

計　　データ総和 $= n\hat{\mu} + 0 + 0$

10. 2. 3　変動の分解式

変動とは，目標値あるいは平均値からのデータの変化を 2 乗の和としたものであり，変動は因子の変動の和に分解できるという重要な性質がある．今，測定データから一般平均(推定値)$\hat{\mu}$ を引いた値の平方和 $S_{T'}$ を変形すると，

$$S_{T'} = \sum_{i=1}^{k} \sum_{j=1}^{n} \left(y_{ij} - \hat{\mu} \right)^2$$

$$= \sum_{i=1}^{k} \sum_{j=1}^{n} \left\{ (y_{ij} - \mu_i) + (\mu_i - \hat{\mu}) \right\}^2$$

$$= \sum_{i=1}^{k} \sum_{j=1}^{n} (y_{ij} - \mu_i)^2 + 2 \sum_{i=1}^{k} \sum_{j=1}^{n} (y_{ij} - \mu_i)(\mu_i - \hat{\mu}) + \sum_{i=1}^{k} \sum_{j=1}^{n} (\mu_i - \hat{\mu})^2$$

$$= \sum_{i=1}^{k} \sum_{j=1}^{n} \hat{\varepsilon}_{ij}^2 + 2 \sum_{i=1}^{k} (\mu_i - \hat{\mu}) \underbrace{\sum_{j=1}^{n} (y_{ij} - \mu_i)}_{n\mu_i - n\mu_i = 0} + n \sum_{i=1}^{k} \hat{\alpha}_i^2$$

$$= S_e + S_A$$

以上のように，誤差変動 S_e と因子 A による変動 S_A に分解されることがわかる．この式を別の形に展開すると以下のようになる．

$$\sum_{i=1}^{k}\sum_{j=1}^{n}\left(y_{ij}-\hat{\mu}\right)^2 = \sum_{i=1}^{k}\sum_{j=1}^{n}y_{ij}^2 - 2\hat{\mu}\sum_{i=1}^{k}\sum_{j=1}^{n}y_{ij} + \sum_{i=1}^{k}\sum_{j=1}^{n}\hat{\mu}^2$$

$$= \sum_{i=1}^{k}\sum_{j=1}^{n}y_{ij}^2 - kn\hat{\mu}^2$$

$$= S_T - S_m$$

以上のように，全変動 S_T と平均変動 S_m に分解される．

$n=2$ の場合を具体的に見ていくと，以下の関係が成立している．

$$(y_{11}-\hat{\mu})^2 = \hat{a}_1^2 + \hat{\varepsilon}_{11}^2$$

$$(y_{12}-\hat{\mu})^2 = \hat{a}_1^2 + \hat{\varepsilon}_{12}^2$$

$$(y_{21}-\hat{\mu})^2 = \hat{a}_2^2 + \hat{\varepsilon}_{21}^2$$

$$(y_{22}-\hat{\mu})^2 = \hat{a}_2^2 + \hat{\varepsilon}_{22}^2$$

$$\vdots$$

$$(y_{k1}-\hat{\mu})^2 = \hat{a}_k^2 + \hat{\varepsilon}_{k1}^2$$

$$(y_{k2}-\hat{\mu})^2 = \hat{a}_k^2 + \hat{\varepsilon}_{k2}^2$$

計　　$S_T - S_m = S_A + S_e$

$$S_T = S_m + S_A + S_e$$

を**変動の分解式**と呼ぶ．一般的に測定データの変動は，各因子の変動の和として分解できる性質があり，これを利用して因子の効果を細かく分析できる．

注）　本書では品質工学の内容を理解することを目標としているので，この節においての全変動 S_T は，実験データの目標値からのずれの平方和を指している．しかしながら，他の実験計画法の教科書においては，総平均まわりの変動 $S_{T'}$ を全変動としているので，他の実験計画法の教科書を読む際には注意されたい．

10.2.4　自　由　度

自由度とは，独立に変えることのできる変数の数である．これは変動の期待値のなかに含まれる誤差分散 σ_e^2 の個数に等しくなる．さて，ここでは，それぞれの変動はどの程度の大きさが期待されるかを，期待値を用いて計算してみ

よう. それぞれの期待値には, どの程度の誤差分散 σ_e^2 が含まれるかに注意しよう.

さて, ある計測対象(母集団)から特性値 y_{ij} (標本)が無作為抽出により得られ, そのどの要素も標本として抽出される確率が等しいとする.

この場合には, 標本統計量のところで調べたように, 平均と分散の期待値は, 以下のようにまとめられる.

各因子 i の水準平均 μ_i は, 以下で表されることから,

$$\mu_i = \frac{1}{n}\sum_{j=1}^{n} y_{ij} = \frac{1}{n}\sum_{j=1}^{n} (m + \alpha_i + \varepsilon_{ij}) = m + \alpha_i + \overline{\varepsilon}_i \quad (i = 1, \cdots, k)$$

$$\overline{\mu} = \frac{1}{k}\sum_{i=1}^{k} \mu_i = \frac{1}{k}\sum_{i=1}^{k} (m + \alpha_i + \overline{\varepsilon}_i) = m + \overline{\alpha} + \overline{\overline{\varepsilon}}$$

ただし,

$$E[\varepsilon_{ij}] = 0, \quad V[\varepsilon_{ij}] = E\left[\frac{1}{kn-1}\sum_{i=1}^{k}\sum_{j=1}^{n} \left(\varepsilon_{ij} - \overline{\overline{\varepsilon}}\right)^2\right] = \sigma_e^2$$

$$E[\alpha_i] = 0, \quad V[\alpha_i] = E\left[\frac{1}{k-1}\sum_{i=1}^{k} (\alpha_i - \overline{\alpha})^2\right] = \sigma_A^2$$

であることより, 以下の期待値の公式を適用しながら整理していく.

$$E\left[Y_i^2\right] = (E[Y_i])^2 + V[Y_i]$$

$$E[c_1 Y_1 + \cdots + c_n Y_n] = c_1 E[Y_1] + \cdots + c_n E[Y_n]$$

$$V[c_1 Y_1 + \cdots + c_n Y_n] = c_1^2 V[Y_1] + \cdots + c_n^2 V[Y_n]$$

ただし, $Y_1, \cdots, Y_n$ は互いに独立な確率変数 $c_1, \cdots, c_n$ は定数とする.

後ほど現れる次の期待値を, 上の公式を用いて先に求めておこう.

$$E\left[\sum_{i=1}^{k} (\overline{\varepsilon}_i - \overline{\overline{\varepsilon}})^2\right] = E\left[\sum_{i=1}^{k} \overline{\varepsilon}_i^2 - 2\overline{\overline{\varepsilon}}\sum_{i=1}^{k} \overline{\varepsilon}_i + \sum_{i=1}^{k} \overline{\overline{\varepsilon}}^2\right] = \sum_{i=1}^{k} E\left[\overline{\varepsilon}_i^2\right] - kE\left[\overline{\overline{\varepsilon}}^2\right]$$

$$E\left[\overline{\varepsilon}_i^2\right] = (E[\overline{\varepsilon}_i])^2 + V[\overline{\varepsilon}_i] = \left(E\left[\frac{1}{n}\sum_{j=1}^{n} \varepsilon_{ij}\right]\right)^2 + V\left[\frac{1}{n}\sum_{j=1}^{n} \varepsilon_{ij}\right]$$

$$= \left(\frac{1}{n}\sum_{j=1}^{n} E[\varepsilon_{ij}]\right)^2 + V\left[\frac{1}{n}\sum_{j=1}^{n} \varepsilon_{ij}\right]$$

$$= 0 + \left(\frac{1}{n}\right)^2 \sum_{j=1}^{n} V\left[\varepsilon_{ij}\right] = \frac{1}{n}\sigma_e^2$$

$$E\left[2\overline{\varepsilon}_i\,\overline{\overline{\varepsilon}}\right] = 2\overline{\overline{\varepsilon}}\frac{1}{n}\sum_{j=1}^{n} E\left[\varepsilon_{ij}\right] = 0$$

$$E\left[\overline{\overline{\varepsilon}}^2\right] = \left(E\left[\overline{\overline{\varepsilon}}\right]\right)^2 + V\left[\overline{\overline{\varepsilon}}\right] = \left(E\left[\frac{1}{k}\sum_{i=1}^{k}\overline{\varepsilon}_i\right]\right)^2 + V\left[\frac{1}{k}\sum_{i=1}^{k}\overline{\varepsilon}_i\right]$$

$$= \left(\frac{1}{k}\sum_{i=1}^{k} E\left[\overline{\varepsilon}_i\right]\right)^2 + \left(\frac{1}{k}\right)^2 \sum_{i=1}^{k} V\left[\overline{\varepsilon}_i\right] = 0 + \frac{1}{kn}\sigma_e^2$$

よって,

$$E\left[\sum_{i=1}^{k}(\overline{\varepsilon}_i - \overline{\overline{\varepsilon}})^2\right] = \sum_{i=1}^{k} E\left[\overline{\varepsilon}_i^2\right] - kE\left[\overline{\overline{\varepsilon}}^2\right] = \frac{k-1}{n}\sigma_e^2$$

として得られる.

　今, 全体で kn 個の特性値を標本として得た場合(ただし, 因子の水準数を k, 繰り返し数を n とする), それぞれの変動の期待値は,

$$E\left[S_T\right] = E\left[\sum_{i=1}^{k}\sum_{j=1}^{n} y_{ij}^2\right] = E\left[\sum_{i=1}^{k}\sum_{j=1}^{n}\left(\left(E\left[y_{ij}\right]\right)^2 + V\left[y_{ij}\right]\right)\right]$$

$$= E\left[\sum_{i=1}^{k}\sum_{j=1}^{n}\left(\left(E\left[m + \alpha_i + \varepsilon_{ij}\right]\right)^2 + V\left[m + \alpha_i + \varepsilon_{ij}\right]\right)\right]$$

$$= E\left[\sum_{i=1}^{k}\sum_{j=1}^{n}\left(\left(E\left[m\right]\right)^2 + V\left[\alpha_i + \varepsilon_{ij}\right]\right)\right]$$

$$= E\left[\sum_{i=1}^{k}\sum_{j=1}^{n}\left(m^2 + \sigma_A^2 + \sigma_e^2\right)\right] = kn\left(m^2 + \sigma_A^2 + \sigma_e^2\right)$$

$$E\left[S_m\right] = E\left[\frac{1}{kn}\left(\sum_{i=1}^{k}\sum_{j=1}^{n} y_{ij}\right)^2\right] = knE\left[\overline{\mu}^2\right] = kn\left(\left(E\left[\overline{\mu}\right]\right)^2 + V\left[\overline{\mu}\right]\right)$$

$$= kn\left(m^2 + V\left[m + \overline{\alpha} + \overline{\overline{\varepsilon}}\right]\right) = kn\left(m^2 + V\left[\overline{\alpha}\right] + V\left[\overline{\overline{\varepsilon}}\right]\right)$$

$$= kn\left(m^2 + V\left[\frac{1}{k}\sum_{i=1}^{k}\alpha_i\right] + V\left[\frac{1}{kn}\sum_{i=1}^{k}\sum_{j=1}^{n}\varepsilon_{ij}\right]\right)$$

$$= kn\left(m^2 + \frac{1}{k}\sigma_A^2 + \frac{1}{kn}\sigma_e^2\right) = kn\left(m^2 + \frac{1}{k}\sigma_A^2\right) + \sigma_e^2$$

$$= kn\sigma_m^2 + \sigma_e^2$$

$$S_A = \sum_{i=1}^{k} \sum_{j=1}^{n} (\mu_i - \overline{\mu})^2 = \sum_{i=1}^{k} \sum_{j=1}^{n} \left((m + \alpha_i + \overline{\varepsilon}_i) - (m + \overline{\alpha} + \overline{\overline{\varepsilon}}) \right)^2$$

$$= \sum_{i=1}^{k} \sum_{j=1}^{n} \left((\alpha_i - \overline{\alpha}) + (\overline{\varepsilon}_i - \overline{\overline{\varepsilon}}) \right)^2$$

$$= \sum_{i=1}^{k} \sum_{j=1}^{n} (\alpha_i - \overline{\alpha})^2 + 2n \sum_{i=1}^{k} (\alpha_i - \overline{\alpha})(\overline{\varepsilon}_i - \overline{\overline{\varepsilon}}) + \sum_{i=1}^{k} \sum_{j=1}^{n} (\overline{\varepsilon}_i - \overline{\overline{\varepsilon}})^2$$

$$= \sum_{i=1}^{k} \sum_{j=1}^{n} (\alpha_i - \overline{\alpha})^2 + 2n \underbrace{\sum_{i=1}^{k} (\alpha_i \overline{\varepsilon}_i)}_{\alpha_i \ \text{と} \ \overline{\varepsilon}_i \ \text{の独立性} = 0}$$

$$+ 2n \underbrace{\sum_{i=1}^{k} (-\overline{\alpha}\, \overline{\varepsilon}_i + \overline{\alpha}\, \overline{\overline{\varepsilon}})}_{= 0} + 2n \underbrace{\sum_{i=1}^{k} (-\alpha_i)\overline{\overline{\varepsilon}}}_{= 0} + \sum_{i=1}^{k} \sum_{j=1}^{n} (\overline{\varepsilon}_i - \overline{\overline{\varepsilon}})^2$$

$$= \sum_{i=1}^{k} \sum_{j=1}^{n} (\alpha_i - \overline{\alpha})^2 + \sum_{i=1}^{k} \sum_{j=1}^{n} (\overline{\varepsilon}_i - \overline{\overline{\varepsilon}})^2$$

これより,

$$E\left[S_A\right] = E\left[\sum_{i=1}^{k} \sum_{j=1}^{n} (\alpha_i - \overline{\alpha})^2\right] + E\left[\sum_{i=1}^{k} \sum_{j=1}^{n} (\overline{\varepsilon}_i - \overline{\overline{\varepsilon}})^2\right]$$

$$= (k-1)\, n\sigma_A^2 + n\frac{k-1}{n}\sigma_e^2 = (k-1)\, n\sigma_A^2 + (k-1)\, \sigma_e^2$$

$$S_e = \sum_{i=1}^{k} \sum_{j=1}^{n} (y_{ij} - \mu_i)^2 = \sum_{i=1}^{k} \sum_{j=1}^{n} \left((m + \alpha_i + \varepsilon_{ij}) - (m + \alpha_i + \overline{\varepsilon}_i) \right)^2$$

$$= \sum_{i=1}^{k} \sum_{j=1}^{n} (\varepsilon_{ij} - \overline{\varepsilon}_i)^2$$

$$= \sum_{i=1}^{k} \sum_{j=1}^{n} \varepsilon_{ij}^2 - 2 \sum_{i=1}^{k} \sum_{j=1}^{n} \varepsilon_{ij}\overline{\varepsilon}_i + \sum_{i=1}^{k} \sum_{j=1}^{n} \overline{\varepsilon}_i^2$$

$$= \sum_{i=1}^{k} \sum_{j=1}^{n} \varepsilon_{ij}^2 - 2n \sum_{i=1}^{k} \overline{\varepsilon}_i^2 + n \sum_{i=1}^{k} \overline{\varepsilon}_i^2 = \sum_{i=1}^{k} \sum_{j=1}^{n} \varepsilon_{ij}^2 - n \sum_{i=1}^{k} \overline{\varepsilon}_i^2$$

これより,

Ⅲ

統計の工学的利用

$$E\left[S_e\right] = E\left[\sum_{i=1}^{k}\sum_{j=1}^{n}(\varepsilon_{ij}-\overline{\varepsilon}_i)^2\right] = E\left[\sum_{i=1}^{k}\sum_{j=1}^{n}\varepsilon_{ij}^2\right] - nE\left[\sum_{i=1}^{k}\overline{\varepsilon}_i^2\right]$$

$$= E\left[\sum_{i=1}^{k}\sum_{j=1}^{n}\left((E\left[\varepsilon_{ij}\right])^2 + V\left[\varepsilon_{ij}\right]\right)\right] - kn\frac{1}{n}\sigma_e^2$$

$$= E\left[\sum_{i=1}^{k}\sum_{j=1}^{n}\sigma_e^2\right] - k\sigma_e^2 = k\,(n-1)\,\sigma_e^2$$

この節の冒頭に記したように，自由度は，変動の期待値に含まれる誤差分散 σ_e^2 の個数である．これらの結果より，それぞれの自由度 f は以下となる．

$$S_T \to f_T = kn$$

$$S_m \to f_m = 1$$

$$S_A \to f_A = k-1$$

$$S_e \to f_e = k\,(n-1)$$

自由度を別の方法で説明すれば，自由度は 2 乗和の式を計算するのに，必要な未知数の数である．そのため，上記のような期待値を毎回計算せずとも，式の中に出現する 2 乗の数と，平均値などの制約式の数がどれだけ含まれているかを見つければ，わりあい簡単に算出することが可能である．

また，変動の分解の図的解釈を，**図 10.3** に示す．ここでは全変動 S_T が，因子 A の分散 σ_A^2，誤差分散 σ_e^2 と母平均 μ から構成されていることを示している．そして同じ全変動 S_T が，変動 S_m，S_A，S_e に分解され，さらに純変動 S'_m，S'_A に分解できることを示している．S'_m は一般平均の純変動，S'_A は因子 A の純変動，σ_A^2 は因子 A による分散，σ_m^2 は一般平均の分散，m は一般平均である．

一般平均の変動 S_m に 1 個，因子 A の変動 S_A に $(k-1)$ 個，合計 k 個の自由度があり，誤差変動 S_e に $k\,(n-1)$ 個，合わせて kn 個の σ_e^2 が，測定データの変動に含まれていることが理解できる．

データを解析する際に自由度という概念を無視できない理由について考えてみよう．もし，因子が与えた純粋な効果だけを検討したければ，因子ごとに自由度分の誤差分散を除いた純変動を求める必要がある．この計算を可能とするには，各因子での自由度の大きさを把握しておく必要がある．

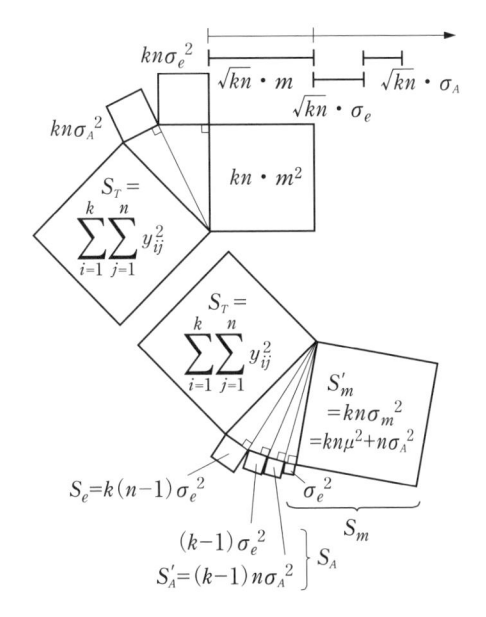

図 10.3　変動の分解の図的解釈，純変動 S'，一般平均 m と分散 σ^2 との関係

　自由度を把握できても，次には誤差分散 σ_e^2 の大きさを見積もることが必要である．母集団の誤差分散 σ_e^2 は不明であるため，測定値から推測するしかない．

　誤差の 2 乗和 SS_e には，誤差分散 σ_e^2 を推測するのに必要な情報が含まれているが，各設計パラメータ（制御因子）の条件数や，データ総数の違いでも，2 乗和の値は大きく変わってしまう．このため各因子における 1 単位当たりの変動の大きさに直して，客観的な比較が可能となるようにする．これを**平均平方** MS と呼んでおり，各因子の変動をその自由度で割ることで得られる．

　測定された誤差の平均平方値には，まだ別の因子による偏りが含まれているかもしれず，これも分離したいと思うであろう．しかしながら，偏りを生じさせる別の因子が何であるかは，良く管理され区分けされた実験データから分析しなければ判断することはできない．それゆえに，ある程度で割り切った実験規模で止めざるを得ない．誤差分散 σ_e^2 が要求している，偏りのないランダム性という前提が崩れてしまっているかもしれない．場合によっては，σ_e^2 を過大に見積もり，誤差分散 σ_e^2 を使う評価計算の途中で支障を来しているかもし

れない.

10.3　分散分析表

10.1 節では，ばらつきの寄与率を求めて因子の効果について検討した. 10.2 節では，測定データの 2 乗和である変動の性質を数理的に整理した.

もしさらに現実の問題を単純化すれば，推測統計学でよく使われる分散分析による理論的検討を適用できる.

分散分析を行うためには，標本データの誤差が正規分布に従うという仮定が加わる. 標本データは，ある計測対象（母集団）からの標本が無作為抽出により得られて，その標本の誤差 ε_{ij} は互いに独立で正規分布 $N(0, \sigma^2)$ に従う確率変数であると仮定する. また，その正規分布の母分散 σ^2 は未知の定数とする.

分散分析では，以下のように問題を捉える.

もし袋詰めの方法（因子 A）を変える（水準を変える）ことで，目標からの重さが重く（あるいは軽くなる）など，何らかの効果があれば，測定データに反映されるはずである. 因子 A の水準を変えたときに目標からの重さが変化すれば，因子 A の変動の値は結果として大きくなるはずである.

しかし，測定データには誤差が含まれているので，取り上げた因子の分散（V_A）と誤差分散（V_e）とを比較して，この分散（V_A）が，誤差分散よりも著しい変化をもたらしているのか，誤差分散程度のばらつきしかなくて効果があるとはいえないのか，この 2 つの分散の大きさを比較することで判断する. すなわち，等分散であることを検定する. これが分散分析の手法の概要である.

分散分析が具体的にどう使われるのか，事例にもとづいて見ていくことにしよう.

さて，例題の Q 1 に対する解答として，分散分析表を作成してみよう. 既に 10.1 節で主要な統計量は計算済みである. これらの値にもとづいて，分散分析表としてまとめる（表 10.4）.

P 値，F 境界値については次節で解説する.

10.4　F 　検 　定

因子 A の効果があるのかどうかは，因子の水準の違いによる特性値の変化

表 10.4 分散分析表

変動要因	2乗和 SS	自由度 f	平均平方 MS	観測された分散比 F	P値 (%)	F境界値 (有意水準5%)
S_m	44.0835	1	44.0835	105.8047	0.0003	5.1174
S_A	11.1667	2	5.5833	13.4005	0.2002	4.2565
S_e	3.7498	9	0.41665			
S_T	59.0000	12				

を見ればよい.

S_e と比較して S_A は大きいのかどうかを客観的に判断したい. このために,1自由度当たりの変動(すなわち平均平方)を比較するようにし,それぞれの分散の比をとり,等分散の検定を行う

$$F_A = \frac{V_A}{V_e} = \frac{S_A}{f_a} \bigg/ \frac{S_e}{f_e}$$

$$\begin{cases} 帰無仮説\ \mathrm{H_0} : \alpha_1 = \alpha_2 = \cdots = \alpha_a = 0\ 効果なし \\ 対立仮説\ \mathrm{H_1} : \mathrm{H_0}\ でない \end{cases}$$

例題の場合, S_A の期待値は, $E[S_A] = (k-1)(n\sigma_A^2 + \sigma_e^2)$ であったことを思い出せば, $\mathrm{H_0}$ が真のとき, $\sigma_A^2 = 0$ となるから,分散比 F_A の分子分母は,等分散 σ_e^2 にもとづきばらついているはずである. 分子分母のばらつきが正規分布に近く等しい分散値であれば,自由度 (f_A, f_e) の F 分布の確率密度関数に従うことが知られている(巻末の**付表 2** を参照).

$$\begin{cases} F_A \geqq F(f_A, f_e ; \alpha)\ ならば帰無仮説\ \mathrm{H_0}\ を棄却(因子\ A\ の効果あり) \\ F_A < F(f_A, f_e ; \alpha)\ ならば\ \mathrm{H_0}\ を採択(因子\ A\ の効果なし) \end{cases}$$

したがって,Excel では,自由度 (f_A, f_e) の F 分布の,有意水準 α %の F 境界値(起こる確率が α %以下となる F の値)は F.INV.RT(有意水準(0~1), f_A, f_e)で求められる.

P 値とは,自分の設定した F_A 以上の分散比の値が出る確率であり,F.DIST.RT(F_A, f_A, f_e) で求められる(**図 10.4**).

P 値により判定を行う場合には,P 値を 0.01(1%)以下と設定したならば,$F_A \geqq F(f_A, f_e ; 0.01)$ を考える場合と同様であり,上式が成立すれば,有意水

統計の工学的利用

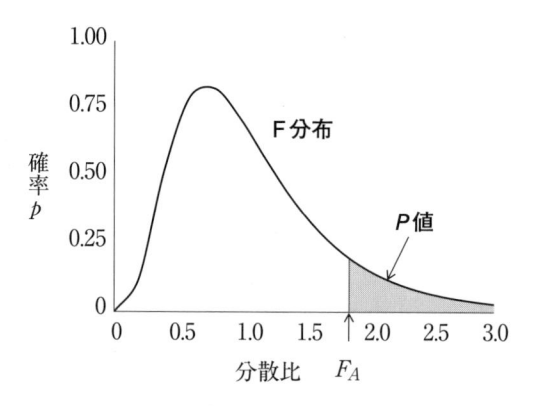

図 10.4　F 分布と分散比 F_A および P 値

準 0.01 で「因子 A の効果あり」と判断する.

[解答 A 1]

例題では,

$$F_A = \frac{SS_A}{f_A} \bigg/ \frac{SS_e}{f_e} = 13.4005, \quad F\,(2, 9\;;\;0.05) = 4.2565$$

$F_A \geqq F\,(2, 9\;;\;0.05)$ が成立し, 因子 A の効果ありと判定される. また, P 値も $0.2002(< 1\%)$ であるため, 有意水準 1% で帰無仮説が棄却されて「因子 A の効果あり」と判断する.

[解答 A 2, A 3] 10.1 節の解答と同じになるため, 省略.

　F 検定を用いた分散分析の方法と, 寄与率を用いた分析の方法は, ほぼ同等の結論を導くことがわかる. 田口は, F 検定を用いた分散分析よりも, 寄与率を用いた分散分析を, 製品の品質改善に役立つと主張していた.

　製品開発においては, 効果の高い設計パラメータを探すことが重要である. 効果に差のない設計パラメータで誤った選択をしたとしても, 効果に与える影響は少ない. そのため, 効果があるかどうかがわからない微妙なケースに慎重な判断を下そうとする推測統計学の検定は必要ない, という理由からである.

　現在は, 寄与率をあらゆる場面で活用することはない. **第 12 章の直交表の**

なかで示される SN 比を用いた要因効果図を用いれば，簡単に，適切な判断を促すことが可能となるからである．寄与率は，チューニングの際に利用する程度となっている．

それでもあえて，この章で寄与率の説明を行ったのは，因子の効果を分析する簡単な手法であるということと，変動の分解や誤差分散の推定などの作業の意味を理解するのに効果的だという理由からである．

10.5 ま と め

第 10 章では，複数の設計条件のなかでどれが効果を高めるかを客観的に判断するのに役立つ，寄与率の概念について説明した．

10.2 節では，その寄与率を求めるために必要な，データ構造式とその性質について説明した．2 乗和のデータ，すなわち変動を用いると，各因子の変動に分解することが可能である．2 乗和データには，分散 σ^2 を推測するのに必要な情報が含まれているが，各設計パラメータ(制御因子)の条件数や，データ総数の違いでも，2 乗和の値は大きく変わってしまう．このため各因子における 1 単位当たりの変動の大きさに直して，客観的な比較が可能となるようにする．これを平均平方と呼んでおり，各因子の変動をその自由度で割ることで得られる．10.3 節では，誤差分散が正規分布に従うと仮定した場合に，推測統計学の手法を利用して，各因子の変動に対して分散分析を行う方法を説明した．10.4 節では，制御因子の効果の有無を判断する方法として F 検定を使う方法を示した．

第 11 章では，機能のばらつき程度を評価する「ものさし」としての SN 比と感度について，詳しく見ていく．

演 習 問 題

[演習 10.1] 10.1 節において，

$$SS_e = (y_{A_{11}} - \overline{\mu}_1)^2 + (y_{A_{12}} - \overline{\mu}_1)^2 + \cdots + (y_{A_{34}} - \overline{\mu}_3)^2$$

を実際に計算し，$SS_e = SS_T - SS_m - SS_A$ の計算結果と同じ値となることを確

認せよ．

[**演習 10. 2**] S_T，S_m，S_A，S_e の変動の期待値を用いて，

$$V[y_{ij}] = E\left[\frac{1}{kn-1}\sum_{i=1}^{k}\sum_{j=1}^{n}(y_{ij}-m)^2\right] = \sigma_T^2$$

$\sigma_T^2 = \sigma_A^2 + \sigma_e^2$ が成立することを確認せよ．

参 考 文 献

[1] 田口玄一，横山巽子：『ベーシックオフライン品質工学』，日本規格協会，2007.

[2] 田口玄一：『実験計画法 復刻版』，丸善，2010.

[3] 田口玄一：『統計解析 改訂新版』，丸善，1972.

[4] 石川馨：『工場におけるサンプリング』，丸善，1952.

[5] 吉野節己：「パラメータ設計によるもやしの育成条件の最適化」，『品質工学』，Vol. 3，No. 2，pp. 17–22，1995.

[6] 富士ゼロックス QC 研究会（編）：『疑問に答える 実験計画法問答集』，日本規格協会，1989.

[7] 星野直人，関庸一：『Excel で学ぶ理論と技術実験計画法入門』，ソフトバンククリエイティブ，2007.

[8] 矢野宏：『計測管理の実際』，工業調査会，1986.

第 11 章
SN 比と感度

Ⅲ 統計の工学的利用

この章では，システムの機能に対する，ばらつきの程度を評価する「ものさし」としての SN 比と感度について，その必要性と性質を説明する．また本書では，動特性(dynamic characteristics)の SN 比のみを解説し，静特性(static response)の SN 比については触れない．

11.1　SN 比・感度という指標の立て方

11.1.1　ばらつき評価指標のみによる改善手法の問題点

品質工学の主張する 2 段階設計では，第 1 段階でばらつきを小さくし，第 2 段階で目標値に近づけることを原則としていた．

第 10 章で用いた実験結果について，どの水準のときに，最もばらつきが小さかったのであろうか．A_1, A_2, A_3 の各水準平均と，標本分散 SD^2 を計算し，表 11.1 にまとめてみる．

$$S_{A1} = \frac{1}{4}\sum_{j=1}^{4}(y_{1j} - \overline{y}_1)^2 = \frac{1}{4}((1.0 - 1.5)^2 + (2.0 - 1.5)^2 + (2.0 - 1.5)^2$$

$$+ (1.0 - 1.5)^2) = 0.2500$$

$$S_{A2} = \frac{1}{4}\sum_{j=1}^{4}(y_{2j} - \overline{y}_2)^2 = \frac{1}{4}((3.0 - 3.25)^2 + (4.0 - 3.25)^2 + (3.0 - 3.25)^2$$

$$+ (3.0 - 3.25)^2) = 0.1875$$

表 11.1　要因ごとの出力値と標本分散

要因	平均 $\overline{y}$	標本分散 SD^2
A_1	1.500	0.2500
A_2	3.250	0.1875
A_3	1.000	0.5000

$$S_{A3} = \frac{1}{4}\sum_{j=1}^{4}(y_{3j}-\overline{y}_3)^2 = \frac{1}{4}((1.0-1.0)^2+(2.0-1.0)^2+(0.0-1.0)^2$$

$$+(1.0-1.0)^2) = 0.5000$$

表 11.1 の結果では，水準 A_3 が最も出力が小さく，A_2 の水準は，3 水準の
なかで最も標本分散の小さい水準ではあるが，出力は最も大きい.

「第 1 段階でばらつきを小さくする」という 2 段階設計の考え方に従うのな
らば，標本分散をばらつき指標として採用すれば良いのであろうか. 最も標本
分散の小さい水準 A_2 を選ぶことで，2 段階設計が満足されるであろうか.

2 段階設計の第 2 段階では，「目標値に合わせる」という作業を行う. その
作業後には，ばらつきは最も小さくなっていることを目指していたはずである.

結論から先に述べれば，目標値に合わせる際に出力が変化すれば，ばらつき
も変化することを想定しなければならない. これを，数式を使って検討しよう.

今，検討しているシステムの機能が，入力 M_j に従って，出力 y_{ij} が
$y_{ij} = \beta_i M_j$ と表現されているとする. β_i は i 番目のシステム案の比例乗数であ
る. このばらつきの程度を損失関数 $L = k\sigma_i^2$（k は比例定数. σ_i^2 は i 番目のシ
ステム案が示す分散値）にもとづいて評価するとする.

今，目標の比例係数 β_0 が与えられたときに，現状システムの分散の期待値
が $V[y_{ij}] = \sigma_i^2$ のときに，目標（$y = \beta_0 M$）の比例係数へ変えた場合の，ばらつき
の大きさを見積もりたい.

目標の分散 σ_0^2 を，$V[\beta_0 M_j] = \sigma_0^2$ としたときに，損失関数 $L = k\sigma_0^2$ を用いると，

$$L = k\sigma_0^2 = k \cdot V[\beta_0 M_j] = k \cdot V[\beta_0(y_{ij}/\beta_i)] = k \cdot \left(\frac{\beta_0}{\beta_i}\right)^2 V[y_{ij}]$$

$$= k \cdot \left(\frac{\beta_0}{\beta_i}\right)^2 \sigma_i^2 = k \cdot \beta_0^2 \left(\frac{\sigma_i^2}{\beta_i^2}\right) \propto \frac{\sigma_i^2}{\beta_i^2}$$

となり，目標の比例係数の 2 乗 β_0^2 に，現状の σ_i^2/β_i^2 を乗じた値，すなわち，ばらつきの大きさを，信号の基準傾きのときに換算した値，で補正すれば良いことがわかる．分散 σ_i^2 だけの指標では十分ではないという結論になる．

11.1.2 SN 比の考え方

11.1.1 項で得られた結果は，σ_i^2/β_i^2 に技術的な意味があり，この σ_i^2 と β_i^2 の比が重要である．そこで，機能のばらつきの程度を数値化する際に，田口玄一は，損失が少なく機能性が高い場合に，値が大きくなる尺度としたいと考えた．しかし，σ_i^2/β_i^2 には，数値が小さいほど，損失が少なくなる性質がある．そのため，この逆数となる SN 比が，以下のように定義された．

$$\text{SN 比} = \frac{\text{信号の効果（傾き）}}{\text{ばらつきの大きさ}} = \frac{\beta^2}{\sigma^2}$$

また，信号の効果とばらつきの大きさの比のとり方については，別の考え方もできる．すなわち，

$$\text{SN 比} = \frac{\text{信号の効果（2 乗和）}}{\text{ばらつきの大きさ}} = \frac{\sum^n (\beta M_i)^2}{\sum^n (y_i - \beta M_i)^2} = \frac{S_\beta}{\sum^n \sigma_i^2} = \frac{S_\beta}{S_N}$$

この考えにもとづく場合，後述のエネルギー比型 SN 比の計算方法となる．

11.1.3 機能を表すデータ構造モデル

システムの機能については，理想機能を考える必要があることを，**第 9 章**で説明した．システムの機能が，外乱・環境・負荷などの影響を受けて，出力が変化すれば，**第 9 章の図 9.4** のような，あるべき姿から外れた入出力関係が測定されるであろう．このばらつきの程度を SN 比として数値化する方法について考える．まずは入出力が比例関係の場合を説明する．任意のカーブを描く入出力関係を SN 比で数値化する方法は，この方法の応用となっている．

表 11.2 の実験データが得られたとする．信号因子（入力：signal factor）を M，外乱・環境・負荷などに相当する誤差因子（noise factor）を N とする．

これから考える基本機能においても，問題を理想化，単純化して，入力，出

表11.2　誤差因子が N 水準の実験データ

	M_1	M_2	$\cdots$	M_k
N_1	y_{11}	y_{12}	$\cdots$	y_{1k}
N_2	y_{21}	y_{22}	$\cdots$	y_{2k}
$\vdots$	$\vdots$	$\vdots$	$\ddots$	$\vdots$
N_n	y_{n1}	y_{n2}	$\cdots$	y_{nk}

力，誤差との関係を表す機能のデータ構造モデルを，以下のように考える．

(1) 比例誤差の場合

　対象の特性値が大きくなるにつれて，偏りも増えていくという不等分散性が見られる場合である．通常の最小二乗法は，誤差の大きさを同じと仮定する場合のみ利用可能なため，適用できない．この場合を扱えるようにするために，$\alpha = 0$ の比例式(原点回帰式)において，傾き β が変動するというモデルを考える．これにより，不等分散性を織り込んだ機能のデータ構造モデルができる．

　この機能のデータ構造モデルについては，誤差に対する考え方によって，2つのモデルを構成することができる．

(a) 偶然誤差分を加算誤差とするモデル(図11.1)

　第1のモデルは，誤差 ε_{ij} の大きさはどこでも等しく，偏りは傾き β_i によってすべて説明されるとする考えである．

　ある環境条件 $N_i\,(i = 1, \cdots, n)$ 下での比例式が傾き β_i となり，異なる環境条件では異なる傾きとなるように観察されたとしよう．これは，

$$y_{ij} = \beta_i M_j + \varepsilon_{ij} \quad (i = 1, \cdots, n\ ;\ j = 1, \cdots, k)$$

と表現できる．

　ここで，β_i：比例係数，y_{ij}：出力，M_j：入力(信号)，ε_{ij}：誤差，n：環境条件数，k：ある環境条件 i 下での測定データ個数である．

(b) 偶然誤差分も比例誤差とするモデル(図11.2)

　第2のモデルは，偏りが傾き β_i によってある程度説明できても，まだなお

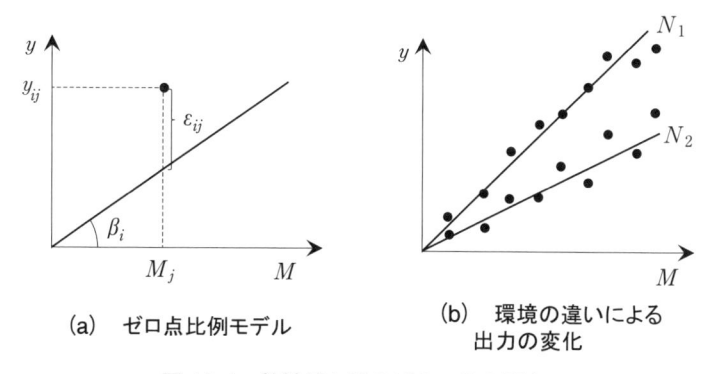

(a) ゼロ点比例モデル (b) 環境の違いによる
出力の変化

図 11.1 特性値と値のばらつきの傾向

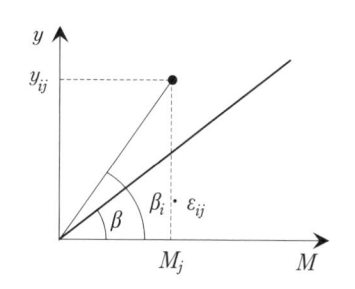

図 11.2 誤差を係数のばらつきとしたゼロ点比例モデル

説明できない比例誤差 ε_{ij} が残っているとする考えである．この場合には，

$$y_{ij} = (\beta_i \cdot \varepsilon_{ij}) M_j \quad (i = 1, \cdots, n ; j = 1, \cdots, k)$$

と表現できる．

これも同様に，β_i：比例係数，y_{ij}：出力，M_j：入力（信号），ε_{ij}：誤差，n：環境条件数，k：ある環境条件 i 下での測定データ個数である．

(2) 加算誤差の場合

特性値に対応して出力も増えるが，増分は変化せず，外乱で出力が平行移動する場合である．機能のデータ構造モデルに，以下の 1 次式モデルを考える．

$$y_{ij} = \alpha + \beta M_j + \varepsilon_{ij} \quad (j = 1, 2, \cdots, k)$$

Ⅲ 統計の工学的利用

ここで，α：入力が 0 のときの偏り，β：比例係数，y_{ij}：出力，M_j：入力（信号），ε_{ij}：誤差，n：環境条件数，k：ある環境条件 i 下での測定データ個数である．このなかで未知数なのは，α と β の定数であり，最小二乗法の適用によりそれらを求めることができる．

11.1.4　SN 比と感度の式

ここでは結果だけを示すことにするが，11.4 節のさまざまな SN 比の定義で，補足説明をしているので，その箇所も参照されたい．

(1)　比例誤差の場合の SN 比

(a)　偶然誤差分を加算誤差とするモデルの場合[1]

エネルギー比型 SN 比の計算式を示す．

SN 比

$$\eta = \frac{S_\beta}{S_N} \text{ またはデシベル表示の } \eta\,[\mathrm{db}] = 10\log_{10}\frac{S_\beta}{S_N} \tag{11.1}$$

感度

$$S = \beta_{N0} \text{ またはデシベル表示の } S\,[\mathrm{db}] = 10\log_{10}\beta_{N0}^2 \tag{11.2}$$

ただし，

$$S_N = S_T - S_\beta, \quad S_T = \sum_{i=1}^{n}\sum_{j=1}^{k} y_{ij}^2$$

$$S_\beta = \frac{(L_1 + \cdots + L_n)^2}{nr}, \quad r = \sum_{j=1}^{k} M_j^2, \quad \beta_{N0} = \frac{1}{n}\sum_{i=1}^{n}\frac{L_i}{r}$$

$$L_i = M_1 y_{i1} + M_2 y_{i2} + \cdots + M_k y_{ik}$$

(b)　偶然誤差分も比例誤差とするモデルの場合[2]

平均二乗対数損失型 SN 比の計算式を示す．

SN比

$$\eta = \frac{1}{C^2} \text{ またはデシベル表示の } \eta\,[\text{db}] = 10\log_{10}\frac{1}{C^2} \qquad (11.3)$$

$$C^2 = \frac{1}{n\cdot k-1}\sum_{i=1}^{n}\sum_{j=1}^{k}\left(\log\frac{y'_{ij}}{\overline{y}'_{G}}\right)^2$$

感度

$$\overline{y}'_{G} = (\,y'_{11}\cdot y'_{12}\cdots\cdots y'_{nk}\,)^{\frac{1}{n\cdot k}} \text{ またはデシベル表示の } S\,[\text{db}] = 10\log_{10}\overline{y}'_{G}$$
$$(11.4)$$

ただし,

$$y'_{ij} = \frac{y_{ij}}{M_j} \quad (\,i=1,\cdots,n\;;\;j=1,\cdots,k\,)$$

SN比と感度の具体的計算方法については,**11.2節**で説明する.またこれ以外にも,いくつかの SN比の定義が考えられており,**11.4節**で説明する.

(2)　加算誤差の場合の SN比

定義式としては[3],

SN比

$$\eta = \frac{b^2}{V_e} \text{ もしくはデシベル表示の } \eta\,[\text{db}] = 10\log_{10}\frac{b^2}{V_e} \qquad (11.5)$$

$$b = \frac{\sum_{i=1}^{n}\sum_{j=1}^{k}(y_{ij}-\overline{y})(M_j-\overline{M})}{n\,\sum_{j=1}^{k}(M_j-\overline{M})^2}$$

感度

$$S = b^2 \text{ もしくはデシベル表示の } S\,[\text{db}] = 10\log_{10} b^2 \qquad (11.6)$$

ただし,

$$V_e = \frac{S_e}{nk-2}, \quad S_e = S_T - S_\beta, \quad S_T = \sum_{i=1}^{n}\sum_{j=1}^{k}(y_{ij}-\overline{y})^2$$

$$S_\beta = nb^2\sum_{j=1}^{k}(M_j-\overline{M})^2$$

11.2　機能性の評価

　この SN 比を使って機能のばらつきの程度を，複数のシステム間で比較することができる．これを機能性評価と呼ぶ．ここでは，前述の(1)(a)項のエネルギー比型 SN 比で計算を行う．

　[例題]　レーザー溶接技術の SN 比による評価[4]

　レーザー溶接は従来のスポット溶接よりも自動車生産で場所をとらず，従来よりも小さな幅と大きな深さの溶接ビードを高速かつ短時間に得ることができる．多くのメリットがあるため，安定した溶接強度が得られるレーザー溶接技術の開発に着手した．

　これまでの知見では，破断強度と溶接長との間には，$y = \beta M^{0.5}$ の関係が成立することが理論的にも経験的にもわかっている．

　信号因子には溶接長を，テストピースの大きさに合わせて，3 水準用意した．溶接強度に影響を与える因子 8 項目を制御因子として選定した．誤差因子には，焦点位置のずれと重ね合わせた板の隙間について，2 水準ずつ選定した．

　誤差因子のばらつきへの影響は，すべての誤差因子同士の組合せ条件で調べておくのが基本的な考え方であるが，実験回数が多くなるため，ばらつきを正側と負側へ最も振らせる条件が判断できれば，その 2 条件だけを使って実験を行えばよい．この方法を，**誤差因子の調合**(compounded noise factor)という．今回の実験では，既に誤差因子の傾向がわかっていたため，強度が低くなる条件と高くなる条件の 2 条件を，誤差因子 N_1，N_2 として設定した．

　　N_1：負側最悪条件(強度が低くなる条件)焦点位置 +0.3 mm，

　　　　板間の隙間 0 mm

　　N_2：正側最悪条件(強度が高くなる条件)焦点位置 +0 mm，

　　　　板間の隙間 0.3 mm

　設計条件 A_1 と A_2 のときのデータは**表 11.3** のように得られた．A_1 と A_2 のどちらの設計条件のほうが機能性に優れているであろうか？

表 11.3 設計条件 A_1 と A_2 の実験データ

		M_1 $10^{0.5}$	M_2 $20^{0.5}$	M_3 $30^{0.5}$
A_1	N_1	220	500	682
	N_2	381	530	784
A_2	N_1	433	534	704
	N_2	220	119	284

A_1 のときの SN 比の算出をする.

$$r = M_1^2 + M_2^2 + M_3^2 = (10^{0.5})^2 + (20^{0.5})^2 + (30^{0.5})^2 = 60$$

$$L_1 = M_1 y_{11} + M_2 y_{12} + M_3 y_{13}$$

$$= (10^{0.5}) \times 220 + (20^{0.5}) \times 500 + (30^{0.5}) \times 682$$

$$= 6667.2369$$

$$L_2 = M_1 y_{21} + M_2 y_{22} + M_3 y_{23}$$

$$= (10^{0.5}) \times 381 + (20^{0.5}) \times 530 + (30^{0.5}) \times 784$$

$$= 7869.2047$$

$$S_T = y_{11}^2 + y_{12}^2 + y_{13}^2 + y_{21}^2 + y_{22}^2 + y_{23}^2$$

$$= 220^2 + 500^2 + 682^2 + 381^2 + 530^2 + 784^2$$

$$= 1\,804\,241 \quad (f = 6)$$

$$S_\beta = \frac{(L_1 + L_2)^2}{2r}$$

$$= \frac{(6667.2369 + 7869.2047)^2}{2 \times 60}$$

$$= 1\,760\,901.1200 \quad (f = 1)$$

$$S_N = S_T - S_\beta = 43\,339.87998 \quad (f = 5)$$

$$\eta_{A1} = 10 \log_{10} \frac{S_\beta}{S_N} = 10 \log_{10} \frac{1\,760\,901.1200}{43\,339.87998} = 10 \log_{10} 40.6300$$

$$= 16.09 \quad (\mathrm{db})$$

感度 S については,

統計の工学的利用

$$\beta_{N0} = \frac{1}{n}\sum_{i=1}^{n}\frac{L_i}{r} = \frac{(L_1 + L_2)}{2r} = \frac{6\,450667.2369 + 7\,869.2047}{2 \times 60} = 121.1370$$

$$S_{A1} = 10\log_{10}\beta_{N0}^2 = 10\log_{10}121.1370^2 = 41.66 \quad \text{(db)}$$

同様に，A_2 のときの SN 比，感度の算出をすると以下となる.

$$\eta_{A2} = 10\log_{10}\frac{S_\beta}{S_N} = 10\log_{10}\frac{900\,773.7198}{210\,704.28024} = 10\log_{10}4.275$$

$$= 6.31 \quad \text{(db)}$$

$$S_{A2} = 10\log_{10}\beta_{N0}^2 = 10\log_{10}86.6398^2 = 38.76 \quad \text{(db)}$$

したがって，

$$\eta_{A1} > \eta_{A2}$$

と η_{A1} の SN 比が高く，A_1 の設計条件が A_2 よりも機能性に優れていると結論づけられる.

11.3　加法性の確保

　SN 比は，機能性の優劣を評価するために使われるものであるが，**第 12 章**，**第 13 章**で説明されるように，その効果を因子ごとに分解，推定することにも使われる. このため，SN 比が間隔尺度として利用されることになる.

　SN 比の演算後に，元の測定データに換算しても矛盾が生じない必要がある.

　例えば，0.0 − 1.0 の区間で定義される割合や，100 点満点の試験の場合は，有限の区間しかない. もしこのまま有限区間として SN 比が定義されると，矛盾が生じる場合がある. 例えば，効果の推定の際に SN 比での加算結果後，元の測定データに換算すると 0.5 + 0.6 = 1.1 や，70 点 + 60 点 = 130 点などと，当初の意味の定義範囲外になる状況が生じる場合が出てくる.

　このような有限区間の測定値の場合には，次のオメガ変換（ロジット変換），

$$p = -10\log\left(\frac{1}{p} - 1\right)$$

を行う必要がある. この変換で，0 から 1 を，$-\infty$ から ∞ に写像することになり，加法性を確保することができる.

11.4 さまざまな **SN 比の定義**

SN 比については，従来から議論が交わされており，いくつかの新しい SN 比も提案されている．SN 比を計算する際によく使われる変動を算出しておく．

11.4.1 S_β の算出

さて，$y_{ij} = \beta_i M_j + \varepsilon_{ij}$ であることより，まずは平均の傾き β を，測定値の関係式として，最小二乗法を用いて求める．

$$\beta = \sum_{i=1}^{n} \frac{\beta_i}{n} \tag{11.7}$$

と置く．全 2 乗和は以下であった．

$$S_T = \sum_{i=1}^{n} \sum_{j=1}^{k} y_{ij}^2 \quad (f_T = nk)$$

β の最小二乗推定値 $\hat{\beta}$ は，残差平方和

$$S = \sum_{i=1}^{n} \sum_{j=1}^{k} \left(y_{ij} - \hat{\beta} M_j\right)^2$$

を最小にする $\hat{\beta}$ として求まるので，$\partial S/\partial \hat{\beta} = 0$ を用いて，結果だけを示せば，

$$\hat{\beta} = \frac{\sum_{i=1}^{n} \sum_{j=1}^{k} y_{ij} M_j}{n \sum_{j=1}^{k} M_j^2} \tag{11.8}$$

と定まる．$\hat{\beta}$ にもとづく出力 $\hat{\beta} M_j$ の変動分，すなわち回帰変動 S_β は，この最小二乗推定値を使って，

$$S_\beta = \sum_{i=1}^{n} \sum_{j=1}^{k} \left(\hat{\beta} M_j\right)^2 = \hat{\beta}^2 n \sum_{j=1}^{k} M_j^2 = \hat{\beta}^2 nr \quad (f_\beta = 1) \tag{11.9}$$

ただし，r は以下で定義する．

$$r = \sum_{j=1}^{k} M_j^2 \tag{11.10}$$

同様に，環境条件 N_i での，β_i の最小二乗推定値 $\hat{\beta}_i$ は，以下となる．

$$\hat{\beta}_i = \frac{\sum_{j=1}^{k} y_{ij} M_j}{\sum_{j=1}^{k} M_j^2} \tag{11.11}$$

次に，環境条件 N_i の違いによる傾きの変動を $S_{N \times \beta}$ と定義すると，各環境

条件での傾き $\hat{\beta}_i$ から，全環境条件を考慮に入れたときの傾き $\hat{\beta}$ を引いた値と信号 M_j との積の平方和が，$S_{N \times \beta}$ となることより，以下で示される．

$$S_{N \times \beta} = \sum_{i=1}^{n} \sum_{j=1}^{k} \left(\hat{\beta}_i - \hat{\beta} \right)^2 M_j^2 \quad (f_{N \times \beta} = n - 1)$$

さて，ここでも変動の分解が成立していることを確認してみよう．

$$S_T = \sum_{i=1}^{n} \sum_{j=1}^{k} y_{ij}^2 = \sum_{i=1}^{n} \sum_{j=1}^{k} \left\{ \hat{\beta} M_j + \left(\hat{\beta}_i - \hat{\beta} \right) M_j + \left(y_{ij} - \hat{\beta}_i M_j \right) \right\}^2$$

$$= \sum_{i=1}^{n} \sum_{j=1}^{k} \left\{ \left(\hat{\beta} M_j \right)^2 + \left(\hat{\beta}_i - \hat{\beta} \right)^2 M_j^2 + \left(y_{ij} - \hat{\beta}_i M_j \right)^2 + 2 \left(\hat{\beta} M_j \right) \left(\hat{\beta}_i - \hat{\beta} \right) M_j \right.$$

$$\left. + 2 \left(\hat{\beta}_i - \hat{\beta} \right) M_j \left(y_{ij} - \hat{\beta}_i M_j \right) + 2 \hat{\beta} M_j \left(y_{ij} - \hat{\beta}_i M_j \right) \right\}$$

$$= \sum_{i=1}^{n} \sum_{j=1}^{k} \left\{ \left(\hat{\beta} M_j \right)^2 + \left(\hat{\beta}_i - \hat{\beta} \right)^2 M_j^2 + \left(y_{ij} - \hat{\beta}_i M_j \right)^2 \right\}$$

$$+ \underbrace{\sum_{j=1}^{k} 2 \left(\hat{\beta} M_j \right) M_j \sum_{i=1}^{n} \left(\hat{\beta}_i - \hat{\beta} \right)}_{\text{式(11.8)，式(11.11)より} = 0}$$

$$+ \underbrace{\sum_{j=1}^{k} \sum_{i=1}^{n} 2 \hat{\beta}_i M_j \left(y_{ij} - \hat{\beta}_i M_j \right)}_{\text{式(11.11)より} = 0}$$

$$= \sum_{i=1}^{n} \sum_{j=1}^{k} \left(\hat{\beta} M_j \right)^2 + \sum_{i=1}^{n} \sum_{j=1}^{k} \left(\hat{\beta}_i - \hat{\beta} \right)^2 M_j^2 + \sum_{i=1}^{n} \sum_{j=1}^{k} \left(y_{ij} - \hat{\beta}_i M_j \right)^2$$

より，S_e が以下であることより，

$$S_e = \sum_{i=1}^{n} \sum_{j=1}^{k} \left(y_{ij} - \hat{\beta}_i M_j \right)^2 \quad (f_e = n \, (k-1))$$

$$\therefore S_T = S_\beta + S_{N \times \beta} + S_e$$

が成立するので，

$$S_e = S_T - S_\beta - S_{N \times \beta}$$

また，総合誤差の変動を以下で定義する．

$$S_N = S_e + S_{N \times \beta}$$

簡略式として，線形式 L を用いると，式が簡潔にまとまる．

今，$n = 2$, $k = 3$ の場合で表すと，N_1, N_2 に対する線形式 L_1, L_2 を用いて，

$$r = M_1^2 + M_2^2 + M_3^2$$

$$L_1 = M_1 y_{11} + M_2 y_{12} + M_3 y_{13}$$

$$L_2 = M_1 y_{21} + M_2 y_{22} + M_3 y_{23}$$

$$S_T = y_{11}^2 + y_{12}^2 + y_{13}^2 + y_{21}^2 + y_{22}^2 + y_{23}^2 \quad (f = 6)$$

$$S_\beta = \frac{(L_1 + L_2)^2}{2r} \quad (f = 1)$$

$$S_{N \times \beta} = \frac{(L_1 - L_2)^2}{2r} \quad (f = 1)$$

$$S_e = S_T - S_\beta - S_{N \times \beta} \quad (f = 4)$$

$$S_N = S_{N \times \beta} + S_e \quad (f = 5)$$

$$V_e = \frac{S_e}{f_e} = \frac{S_e}{n(k-1)}, \quad V_N = \frac{S_N}{f_N} = \frac{S_N}{nk-1}$$

11.4.2 β^2 の期待値

$\hat{\beta}$ は，β の不偏推定量であるが，$\hat{\beta}^2$ は，β^2 の不偏推定量とはなっておらず，期待値は以下となり，σ^2/nr だけのずれがある．

$$E\left[\hat{\beta}^2\right] = \left(E\left[\hat{\beta}\right]\right)^2 + V\left[\hat{\beta}\right] = \beta^2 + \frac{\sigma^2}{nr}$$

これは，$V[y_{ij}] = \sigma^2$, $E\left[\hat{\beta}\right] = \beta$ の関係と，式(11.8)，式(11.10)から，

$$V[\hat{\beta}] = V\left[\frac{\sum_{i=1}^n \sum_{j=1}^k y_{ij} M_j}{nr}\right] = \sum_{i=1}^n \sum_{j=1}^k V\left[\left(\frac{M_j}{nr}\right) y_{ij}\right]$$

$$= \sum_{i=1}^n \sum_{j=1}^k \frac{M_j^2}{(nr)^2} V[y_{ij}] = \sum_{i=1}^n \frac{r}{(nr)^2} \sigma^2 = \frac{\sigma^2}{nr}$$

が成立することから確認できる．

式(11.9)の $S_\beta = \hat{\beta}^2 nr$ より，

$$E\left[\frac{S_\beta}{nr}\right] = E\left[\hat{\beta}^2\right]$$

$\hat{\beta}^2$ の期待値は，S_β/nr の期待値と等しく，S_β の計測データを利用する．上

の σ^2 の期待値は，$E\,[V_e] = \sigma^2$ であり，誤差の 2 乗和 $E\,[S_e]$ の期待値 $E\,[S_e]$ が，$E\,[S_e] = n\,(k-1)\,\sigma^2$ より，σ^2 が以下の誤差分散 V_e で推定できるとして，

$$V_e = \frac{S_e}{n\,(k-1)}$$

$$\therefore \beta^2 = \frac{S_\beta - V_e}{nr}$$

として求まる．また，β^2/σ^2 の σ^2 は，以下の誤差の平均平方 V_N で代用する．

$$\therefore \sigma^2 = V_N = \frac{S_e + S_{N \times \beta}}{nk - 1}$$

11.4.3　田口の SN 比

田口の SN 比は，β^2/σ^2 の β^2 を $\hat{\beta}^2$ の期待値を用い，σ^2 を誤差の平均平方 V_N を用いて算出する．

$$\therefore \beta^2/\sigma^2 = \left(\frac{S_\beta - V_e}{nr}\right)/V_N$$

$$\text{SN 比}\quad \eta = \frac{10 \log\left(\dfrac{1}{nr}(S_\beta - V_e)\right)}{V_N} \quad \text{(db)} \tag{11.12}$$

$$\text{感度}\quad S = 10 \log \frac{1}{nr}(S_\beta - V_e) \quad \text{(db)} \tag{11.13}$$

田口の SN 比は，動特性の SN 比として最初に提案された式である．書籍や論文で，この式により多くの事例が計算されている．しかし，いくつか注意しなければならない点も指摘されている．

入力と出力の特性値を慎重に選ばない限りは，通常は SN 比には，$1/r$ の有次元の単位がつく．この結果，例えば，信号 M が長さのときに mm とするか，m とするかで，同じ測定対象でも SN 比の値が異なる．また，測定点数が異なると，同じ測定対象でも SN 比の数値が異なる．パラメータ設計などで，データ点数や測定単位が揃っている場合には，その計算グループ内での問題は発生しない．

また，誤差分散の推定に S_e を用いているが，推定値が大きくなりすぎて，

$S_\beta - V_e$ が負となり，計算が先に進まなくなる場合がある．

　先の例題の場合の田口の SN 比の計算は，続きを記述すると，以下となる．

$$S_{N \times \beta} = \frac{(L_1 - L_2)^2}{2r} \frac{(6\,667.2369 - 7\,869.2047)^2}{2 \times 60} = 12\,039.3881 \quad (f = 1)$$

$$S_e = S_T - S_\beta - S_{N \times \beta} = 31\,300.492 \quad (f = 4)$$

$$S_N = S_{N \times \beta} + S_e = 43\,339.87998 \quad (f = 5)$$

$$V_e = \frac{S_e}{f_e} = \frac{S_e}{n\,(k-1)} = 7\,825.1230$$

$$V_N = \frac{S_N}{f_N} = \frac{S_N}{nk-1} = \frac{43\,339.87998}{5} = 8\,667.9760$$

$$\eta_{A1} = 10 \log \frac{\dfrac{1}{2r}(S_\beta - V_e)}{V_N} = 10 \log \frac{\dfrac{1}{2 \times 60}(1\,760\,901.1200 - 7\,825.1230)}{8\,667.9760}$$

$$= 10 \log 1.68540 = 2.27 \quad (db)$$

感度 S については，

$$S_{A1} = 10 \log \frac{1}{2r}(S_\beta - V_e) = 10 \log \frac{1}{2 \times 60}(1\,760\,901.1200 - 7\,825.1230)$$

$$= 10 \log 14\,608.96 = 41.65 \quad (db)$$

同様に，A_2 のときの SN 比，感度の算出をすると以下となる．

$$\eta_{A2} = 10 \log \frac{\dfrac{1}{2r}(S_\beta - V_e)}{V_N} = 10 \log \frac{\dfrac{1}{2 \times 60}(900\,773.7198 - 4\,075.4769)}{42\,140.8560}$$

$$= 10 \log 0.1773 = -7.51 \quad (db)$$

$$S_{A2} = 10 \log \frac{1}{2r}(S_\beta - V_e) = 10 \log \frac{1}{2 \times 60}(900\,773.7198 - 4\,075.4769)$$

$$= 10 \log 7\,472.5 = 38.73 \quad (db)$$

11.4.4　標準 SN 比

　田口の SN 比が，$y = \beta M$ という比例モデルを前提としていたのに対して，一般的な曲線 $y = f(M)$ に対しても評価可能な SN 比が，標準 SN 比である．

表 11. 4 標準 SN 比の実験データ

信号因子	M_1	M_2	$\cdots$	M_k	線形式
N_0（標準条件の出力値）	m_1	m_2	$\cdots$	m_k	
N_1（負側調合誤差条件の出力値）	y_{11}	y_{12}	$\cdots$	y_{1k}	L_1
N_2（正側調合誤差条件の出力値）	y_{21}	y_{22}	$\cdots$	y_{2k}	L_2

21 世紀初頭に，田口により新たに考案されたため，21 世紀型 SN 比ともいわれている．ばらつきの大きさを r で規準化しているところに特徴がある．理想的な曲線を $y = f_0(M)$ とし，評価対象の曲線を $y = f_1(M)$，$y = f_2(M)$ とする．入力 M に，$m_i = f_0(M_i)$ を，出力に $y_{1i} = f_1(M_i)$ と $y_{2i} = f_2(M_i)$ を新たに割り当てることで（**表 11.4**），比例関係の入出力として扱うことができる．これにより，任意のカーブを描く入出力関係の SN 比の計算が可能となる．

$$\text{SN 比} = \frac{\text{信号の効果（傾き）}}{\text{ばらつきの大きさ}} = \frac{(S_\beta - V_e)/r}{V_N/r} \tag{11.14}$$

を用いる．標準 SN 比は，任意の曲線を描く機能の SN 比を計算することが可能となったばかりでなく，SN 比の次元は無次元になる．測定単位から生じる SN 比への影響がなくなっている．しかしながら，測定データ個数を増やした計算をすると，V_N の変化はなくても S_β が増加してしまうため，同じ測定対象でも SN 比の値が異なってくる問題が指摘されている．

11. 4. 5 エネルギー比型 SN 比

エネルギー比型 SN 比は式(11. 1)，式(11. 2)で計算される SN 比である．

$$\text{SN 比} = \frac{\text{信号の効果（傾き）}}{\text{ばらつきの大きさ}} = \frac{S_\beta}{S_N}$$

を使用する．また感度には，式(11. 2)で表現される平均の傾きを用いる．

この SN 比の特徴は，どのような特性値を用いても SN 比の値は無次元となること，入力のデータ数が異なる SN 比同士でも比較が可能になることなどが挙げられる．任意のカーブを描く入出力関係の SN 比の算出も，11. 4. 4 項の標準 SN 比の考え方を用いれば同様に算出可能となる．

11.4.6 平均二乗対数損失型 SN 比

偶然誤差分も比例誤差とするモデルより，誤差モデル $y_{ij} = (\beta_i \cdot \varepsilon_{ij}) M_j$ から，

$$y'_{ij} = \frac{y_{ij}}{M_j} = \beta_i \varepsilon_{ij} \quad (i = 1, \cdots, n \; ; \; j = 1, \cdots, k)$$

と，測定値をまず信号 M_j で規準化した値を用意する．誤差モデルにもとづけば，この y'_{ij} は，誤差因子(外乱)で傾きが変化する β_i の係数と，偶然誤差を表す ε_{ij} の積に相当する．なお，ε_{ij} は，

$$E\left[\log(\varepsilon_{ij})\right] = 0, \; E\left[(\log(\varepsilon_{ij}))^2\right] = c^2$$

を満たすとする．c^2 は分散に相当する値である．

感度の式(11.6)は，比例関係 β を $\overline{y}'_G$ として幾何平均で求めている．

$$\text{感度} \quad \overline{y}'_G = (y'_{11} \cdot y'_{12} \cdot \cdots \cdot y'_{nk})^{\frac{1}{n \cdot k}}$$

SN 比の式(11.5)は，理想関係 β からのずれを $(y'_{ij} / \overline{y}'_G)$ で求める．一致すると $\log(1) = 0$ となる式であり，その各測定値の 2 乗和平均を求めている．

$$C^2 = \frac{\text{ばらつきの大きさ}}{\text{信号の効果(傾き)}} = \frac{1}{n \cdot k - 1} \sum_{i=1}^{n} \sum_{j=1}^{k} \left(\log \frac{y'_{ij}}{\overline{y}'_G} \right)^2$$

SN 比 $\quad \eta = \dfrac{1}{C^2}$，またはデシベル表示の η [db]

この SN 比の特徴は，どのような特性値を用いても SN 比の値は無次元となること，入力のデータ数が異なる SN 比同士でも比較可能になることである．任意のカーブを描く入出力関係の SN 比の算出も，**11.4.4 項**の標準 SN 比の考え方を用いれば同様に算出可能となる．

一つだけ欠点を挙げれば，計算に幾何平均を使うため，測定値は必ず正の数でなければならない．ゼロ以下の負の数が含まれると，計算ができなくなる．

先の例題のレーザー溶接の場合，平均二乗対数損失型 SN 比は以下となる．

$$\overline{y}'_G = \left(\frac{220.000}{10^{0.5}} \cdot \frac{381.000}{10^{0.5}} \cdot \frac{500.000}{20^{0.5}} \cdot \frac{530.000}{20^{0.5}} \cdot \frac{682.000}{30^{0.5}} \cdot \frac{784.000}{30^{0.5}} \right)^{\frac{1}{2 \times 3}}$$

$$= (69.5701 \cdot 120.4828 \cdot 111.8034 \cdot 118.5116 \cdot 124.5156 \cdot 143.1382)^{\frac{1}{6}}$$

$$= 112.0531$$

$$C^2 = \frac{1}{6-1}\left\{\left(\log\frac{69.5701}{112.0531}\right)^2 + \left(\log\frac{120.4828}{112.0531}\right)^2 + \left(\log\frac{111.8034}{112.0531}\right)^2\right.$$

$$\left. + \left(\log\frac{118.5116}{112.0531}\right)^2 + \left(\log\frac{124.5156}{112.0531}\right)^2 + \left(\log\frac{143.1382}{112.0531}\right)^2\right\}$$

$$= 0.0613$$

$$\eta_{A1} = 10\log\frac{1}{0.0613} = 12.123 \quad (\text{db})$$

感度 S については,

$$S_{A1} = 10\log 112.0531 = 20.494 \quad (\text{db})$$

同様に, A_2 のときの SN 比, 感度の算出をすると以下となる.

$$\eta_{A2} = 10\log\frac{1}{0.4164} = 3.805 \quad (\text{db})$$

$$S_{A2} = 10\log 76.5814 = 18.841 \quad (\text{db})$$

　SN 比に関するいくつかの式と, 関連する議論について解説を行った. ディメンション, 次元・無次元化の問題などについて解説した.

　SN 比は, 製品開発などでの利用を想定して考案されたものである. 個人や特定の会社内だけでの利用に留まる場合は, どの SN 比でも各プロジェクトの目的を達成することは可能である. しかし, 使う SN 比の定義の影響で, 測定数や単位量の違いから, プロジェクトごとに SN 比の数値が異なってくる場合が出てくる. SN 比に何を選択するか, 今後の技術開発に影響を与えないであろうか. SN 比で固有技術を蓄積するという観点からは, プロジェクトごとに SN 比の数値が異なることは, 個人的にはあまり好ましい状況ではないと思う. もし将来, SN 比の統一化の動きがあるならば, 数学的な観点や工学的な観点も含めて, 万人に受け入れられるように検討を進める必要があろう.

11.5 ま と め

機能のばらつきを評価する「ものさし」としての SN 比と感度の説明を行った.

11.1.1 項では, ばらつき評価指標として, 分散のみを見て改善する考え方の問題点を指摘した. 11.1.2 項では, SN 比の指標では, 目標出力時のばらつき量に換算して評価していることを説明した. 11.1.3 項では, 機能に対する偏りや誤差の出現傾向にもとづき, SN 比の定義方法を説明した. 11.1.4 項では機能を表すデータ構造モデルにもとづいて, 代表的ないくつかの SN 比を説明した.

11.2 節では,「機能性」という考え方にもとづいて具体的な SN 比の計算例を示した. システムの機能性を数値化したことにより, 複数の試作品の中で, どの機能性が良いのか・悪いのかが比較可能となった. 11.3 節では, 加法性の確保という考え方を示し, 第 13 章のパラメータ設計を成功させるために必要な条件の一つである, 評価方法の設計について説明した. 11.4 節では, さまざまな SN 比の定義について説明を行った.

第 12 章では, 直交表という規則を用いて実験条件を振り, 少ない実験数で効率的に多くの情報を得るための実験方法について説明する.

演 習 問 題

[**演習 11.1**] エネルギー比型 SN 比を用いて, A_1 と A_2 のシステムの機能性評価を行え.

		M_1	M_2	M_3	M_4
	M	2	4	6	8
A_1	N_1	2	3	6	9
	N_2	1	2	4	5
A_2	N_1	3	4	5	7
	N_2	2	1	3	4

[**演習 11.2**] 田口の SN 比を用いて, 同様のことを行え.

参 考 文 献

[1] 鶴田明三：『エネルギー比型 SN 比』，日科技連出版社，2016.

[2] 椿広計，河村敏彦：『設計科学におけるタグチメソッド―パラメータ設計の体系化と新たな SN 比解析』，日科技連出版社，2008.

[3] 宮川雅巳：『品質を獲得する技術―タグチメソッドがもたらしたもの』，日科技連出版社，2000.

[4] 上野憲造，森清和：「薄板材を用いたレーザ溶接の技術開発」，『品質工学』，Vol. 2，No. 1，pp. 30–36，1994.

第 12 章

直 交 表

多数の設計パラメータ(制御因子)を採用して，それぞれの設計条件(水準)を変えて評価を行うための効率的な方法に直交表(orthogonal array)の利用がある．この章では直交表の考え方を簡単な例を用いて説明し，理解を深めていく．

12.1　直交表の効果[1]

測定データの2乗和は，変動(variation, sum of squares)と呼んでいたが，その性質を調べよう．全データを平均値の情報とばらつきの情報に分解してみる．

$$a^2 + b^2 = \frac{(a+b)^2}{2} + \frac{(a-b)^2}{2} = \underbrace{2\left(\frac{a+b}{2}\right)^2}_{\text{平均値の2乗}} + \underbrace{2\left(\frac{a-b}{2}\right)^2}_{\text{データの差の2乗}}$$

各データの変動の総和 ＝ 和の変動 ＋ 差の変動

$$\underbrace{S_T}_{\substack{\text{全変動}}} = \underbrace{S_m}_{\substack{\text{平均値} \\ \text{の変動}}} + \underbrace{S_e}_{\substack{\text{ばらつき} \\ \text{の変動}}}$$

この簡単な例で示されるように，測定データの2乗和(全変動)は，平均値の変動と差の変動，すなわちばらつきの変動との和になることがわかる(図 12.1)．

さて，今度は，因子 A と B とを，それぞれ2水準設定して，その組合せ条件である4種類の実験により，y_1, y_2, y_3, y_4 として結果が得られたとする．これは，表 12.1 に示すようにまとめることができる．

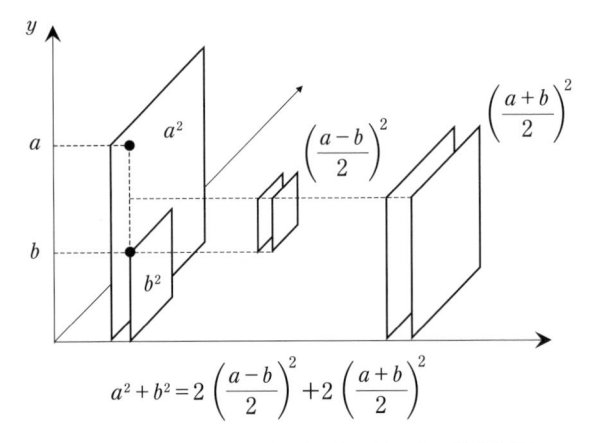

$$a^2 + b^2 = 2\left(\frac{a-b}{2}\right)^2 + 2\left(\frac{a+b}{2}\right)^2$$

出典）　長谷部光雄：『開発現場で役立つ品質工学の考え方―機能展開・データ解析・パラメータ設計のポイント』，日本規格協会，2010, p.71 の図 4.3 を一部改変.

図 12.1　データの変動（2乗和）の分解

表 12.1　データが 4 個の場合（因子 *A*, *B* が 2 水準）

	B_1	B_2
A_1	y_1	y_2
A_2	y_3	y_4

12.1.1　2 元 配 置

この結果も同様に，全データを平均値とばらつきの情報に分解してみる.

$$y_1^2 + y_2^2 + y_3^2 + y_4^2 = \frac{(y_1 + y_2 + y_3 + y_4)^2}{4} + (\text{ばらつきの変動})$$

$$\frac{(y_1 + y_2)^2}{2} + \frac{(y_1 - y_2)^2}{2} + \frac{(y_3 + y_4)^2}{2} + \frac{(y_3 - y_4)^2}{2}$$

$$= \frac{(y_1 + y_2 + y_3 + y_4)^2}{4} + \frac{[(y_1 + y_2) - (y_3 + y_4)]^2}{4}$$

$$+ \underbrace{\frac{(y_1 - y_2)^2}{2} + \frac{(y_3 - y_4)^2}{2}}_{\dfrac{[(y_1 + y_3) - (y_2 + y_4)]^2}{4}} \quad \underbrace{\frac{[(y_1 - y_2) + (y_3 - y_4)]^2}{4} + \frac{[(y_1 - y_2) - (y_3 - y_4)]^2}{4}}$$

$$S_A = \left(\frac{(y_1 + y_2)}{2} - \frac{(y_3 + y_4)}{2} \right)^2$$

これは，A_1 から A_2 に変えたときの平均値の差の変動を表している．同様に，

$$S_B = \left(\frac{(y_1 + y_3)}{2} - \frac{(y_2 + y_4)}{2} \right)^2$$

$$S_T = S_m + S_A + S_B + S_e$$

これらの変動の自由度は以下となる．

$$(f_T, f_m, f_A, f_B, f_e) = (4, 1, 1, 1, 1)$$

12.1.2　3 元 配 置

今度は 3 つの因子の組み合わせた 3 元配置と呼ばれる実験結果について考える（**表 12.2**）．3 元配置のデータは以下のように分解される．

表 12.2　データが 4 個の場合（因子 *A*, *B* が 2 水準）

		A_1	A_2
B_1	C_1	y_1	y_5
	C_2	y_2	y_6
B_2	C_1	y_3	y_7
	C_2	y_4	y_8

$$S_T = S_m + S_A + S_B + S_C + S_e$$

自由度は，$(f_T, f_m, f_A, f_B, f_C, f_e) = (8, 1, 1, 1, 1, 4)$

$$S_T = y_1^2 + y_2^2 + y_3^2 + y_4^2 + y_5^2 + y_6^2 + y_7^2 + y_8^2 \quad (f = 8)$$

$$S_m = \frac{(y_1 + y_2 + y_3 + y_4 + y_5 + y_6 + y_7 + y_8)^2}{8} \quad (f = 1)$$

$$S_A = \frac{(y_1 + y_2 + y_3 + y_4)^2}{4} + \frac{(y_5 + y_6 + y_7 + y_8)^2}{4} - S_m \quad (f = 1)$$

統計の工学的利用 Ⅲ

$$S_B = \frac{(y_1 + y_2 + y_5 + y_6)^2}{4} + \frac{(y_3 + y_4 + y_7 + y_8)^2}{4} - S_m \quad (f = 1)$$

$$S_C = \frac{(y_1 + y_3 + y_5 + y_7)^2}{4} + \frac{(y_2 + y_4 + y_6 + y_8)^2}{4} - S_m \quad (f = 1)$$

さて，残りの S_e の自由度は 4 となるが，その自由度には何が含まれている であろうか．実は，因子 A，B，C が組み合わされた状態での効果であり，こ れを交互作用 (interaction) と呼んでいる．したがって，残りの自由度は，次に 示す交互作用と，それ以外の誤差などである．

A と B の交互作用 $S_{A \times B}$

B と C の交互作用 $S_{B \times C}$

C と A の交互作用 $S_{C \times A}$

測定器の誤差，測定時のばらつきなど

12.1.3　直 交 表 L_4

さて，3 元配置のすべてのデータを使わず，4 個のデータだけを使った場合 を考えてみる (表 12.3)．これまでと同様に，全データを平均値とばらつきの 情報に分解してみる．

表 12.3　3 元配置のすべてを使わず，4 個のデータを使う

		A_1	A_2
B_1	C_1	x_1	
	C_2		x_3
B_2	C_1		x_4
	C_2	x_2	

$$S_T = x_1^2 + x_2^2 + x_3^2 + x_4^2 \quad (f = 4)$$

$$S_m = \frac{(x_1 + x_2 + x_3 + x_4)^2}{4} \quad (f = 1)$$

$$S_A = \frac{(x_1 + x_2)^2}{2} + \frac{(x_3 + x_4)^2}{2} - S_m \quad (f = 1)$$

表 12.4 直交表 L_4

No.	A	B	C	データ	備考
1	1	1	1	x_1	$A_1B_1C_1$ の実験条件
2	1	2	2	x_2	$A_1B_2C_2$ の実験条件
3	2	1	2	x_3	$A_2B_1C_2$ の実験条件
4	2	2	1	x_4	$A_2B_2C_1$ の実験条件

$$S_B = \frac{(x_1+x_3)^2}{2} + \frac{(x_2+x_4)^2}{2} - S_m \quad (f=1)$$

$$S_C = \frac{(x_1+x_4)^2}{2} + \frac{(x_2+x_3)^2}{2} - S_m \quad (f=1)$$

　この結果から，因子 A, B, C のすべての変動を求めることができた．直交表 L_4 では，自由度のすべてを主効果で使ってしまっており，少ない実験数で多くの情報が得られている（**表 12.4**）．つまり，多くの情報を得るために直交表を利用するのは効率が非常に良いといえる．

12.2 直 交 実 験

12.2.1 直交表の表記とその性質

　直交表は，表のサイズや水準の組合せが，ある決まった規則により生成されている．この直交表の内容は，正式には $L_N(P^K)$ という表記法を用いる．直交表に使われる L は，ラテン方格（Latin square）の頭文字であり，N は実験サイズ，P は因子の水準数，K はその因子の数を示す．先ほどの L_4 の直交表の例では，正式には，$L_4(2^3)$ という表記法となる．

　多くの直交表のなかで，特に推奨されている直交法として，$L_{18}(2^1 3^7)$，$L_{18}(3^6 6^1)$，$L_{36}(2^{11} 3^{12})$，$L_{36}(2^3 3^{13})$ などがある．これらはどれも混合型直交表と呼ばれており，混合型の直交表は，2 列間の交互作用の効果が各列にほぼ均等に現れる性質がある．各列の効果は，そこに割り付けた因子の主効果と，各列に均等に上乗せされた交互作用の効果として現れる．このため，本当に意味のある主効果について，正しい判断をすることができる．

　ここでは具体的に，直交表による実験結果を用いて，因子の効果を整理する計算方法を説明し，要因効果図（graph of factorial effects，response graph）を作成してみよう．今，$L_{18}(2^1 3^7)$ 実験を行った結果，**表12.5** の18個のSN比と感度の実験結果が得られたとしよう[2]．

　まずは要因効果を求めるための補助表を作成する．補助表とは，各因子（A，B，C，$\cdots$，H）の水準（1，2もしくは1，2，3）を用いた実験結果の平均値を表にしてまとめたものである．

表 12.5　直交表 $L_{18}(2^1 3^7)$ による割り付けと実験結果

L_{18}	A	B	C	D	E	F	G	H		
No.	1	2	3	4	5	6	7	8	SN 比[db]	感度[db]
1	1	1	1	1	1	1	1	1	$\eta_1 = -48.21$	$S_1 = -9.50$
2	1	1	2	2	2	2	2	2	$\eta_2 = -51.98$	$S_2 = -10.47$
3	1	1	3	3	3	3	3	3	$\eta_3 = -53.65$	$S_3 = -11.10$
4	1	2	1	1	2	2	3	3	$\eta_4 = -53.38$	$S_4 = -9.99$
5	1	2	2	2	3	3	1	1	$\eta_5 = -52.12$	$S_5 = -13.67$
6	1	2	3	3	1	1	2	2	$\eta_6 = -52.04$	$S_6 = -10.61$
7	1	3	1	2	1	3	2	3	$\eta_7 = -55.76$	$S_7 = -13.94$
8	1	3	2	3	2	1	3	1	$\eta_8 = -51.42$	$S_8 = -10.97$
9	1	3	3	1	3	2	1	2	$\eta_9 = -50.92$	$S_9 = -11.69$
10	2	1	1	3	3	2	2	1	$\eta_{10} = -50.96$	$S_{10} = -11.38$
11	2	1	2	1	1	3	3	2	$\eta_{11} = -50.91$	$S_{11} = -10.12$
12	2	1	3	2	2	1	1	3	$\eta_{12} = -47.81$	$S_{12} = -10.62$
13	2	2	1	2	3	1	3	2	$\eta_{13} = -52.14$	$S_{13} = -9.99$
14	2	2	2	3	1	2	1	3	$\eta_{14} = -52.58$	$S_{14} = -12.28$
15	2	2	3	1	2	3	2	1	$\eta_{15} = -50.82$	$S_{15} = -12.14$
16	2	3	1	3	2	3	1	2	$\eta_{16} = -52.92$	$S_{16} = -14.35$
17	2	3	2	1	3	1	2	3	$\eta_{17} = -50.28$	$S_{17} = -10.47$
18	2	3	3	2	1	2	3	1	$\eta_{18} = -52.81$	$S_{18} = -10.78$

例えば，B_1 の条件で実験されるのは，B が割り付けられた第2列が1の実験番号，すなわち No. 1, 2, 3, 10, 11, 12 の6個であり，その結果の平均値を計算する．B_2 については，第2列が2の実験番号，すなわち No. 4, 5, 6, 13, 14, 15 の6個である．

直交表を用いた実験には，どのような性質があるだろうか．B_1 の6個の実験について，他の因子(C, D, E, F, G)の水準$(1\sim3)$のそれぞれの出現回数を調べると，例えば因子C については，C_1, C_2, C_3 がどれも2回ずつ含まれている．これは，すべての実験結果についても同様に成立している．すなわち，ある因子(例えば因子B_1)の水準平均値を求める際に，他の因子(因子$A, C \sim G$)については，水準$1\sim3$で行われた実験が同数使われるために，他の因子の影響は平均化される．そのため，因子B_1 の効果だけを平均値から得ることができる．水準別平均値の具体的計算は，

$$\eta_{A1} = \frac{\eta_1 + \eta_2 + \cdots + \eta_9}{9}, \quad S_{A1} = \frac{S_1 + S_2 + \cdots + S_9}{9}$$

$$\eta_{A2} = \frac{\eta_{10} + \eta_{11} + \cdots + \eta_{18}}{9}, \quad S_{A1} = \frac{S_{10} + S_{11} + \cdots + S_{18}}{9}$$

$$\eta_{B1} = \frac{\eta_1 + \eta_2 + \eta_3 + \eta_{10} + \eta_{11} + \eta_{12}}{6}, \quad S_{B1} = \frac{S_1 + S_2 + S_3 + S_{10} + S_{11} + S_{12}}{6}$$

$$\eta_{B2} = \frac{\eta_4 + \eta_5 + \eta_6 + \eta_{13} + \eta_{14} + \eta_{15}}{6}, \quad S_{B2} = \frac{S_4 + S_5 + S_6 + S_{13} + S_{14} + S_{15}}{6}$$

$$\eta_{B3} = \frac{\eta_7 + \eta_8 + \eta_9 + \eta_{16} + \eta_{17} + \eta_{18}}{6}, \quad S_{B3} = \frac{S_7 + S_8 + S_9 + S_{16} + S_{17} + S_{18}}{6}$$

これらの計算を続けることで，**表 12.6**，**表 12.7** の補助表を得る．

表 12.6　SN 比の補助表(水準別平均)

水準	A 第1列	B 第2列	C 第3列	D 第4列	E 第5列	F 第6列	G 第7列	H 第8列
第1水準	-52.47	-51.65	-51.55	-51.43	-51.56	-52.70	-51.37	-51.75
第2水準	-51.28	-52.71	-51.34	-52.37	-52.01	-51.69	-52.91	-51.84
第3水準		-51.28	-53.03	-52.01	-52.11	-51.31	-51.36	-52.12

Ⅲ 統計の工学的利用

表 12.7　感度の補助表(水準別平均)

水準	A 第1列	B 第2列	C 第3列	D 第4列	E 第5列	F 第6列	G 第7列	H 第8列
第1水準	-11.54	-10.38	-11.33	-11.88	-11.63	-11.53	-10.84	-11.45
第2水準	-11.34	-12.83	-11.16	-10.99	-11.88	-11.68	-11.88	-11.63
第3水準		-11.06	-11.93	-11.39	-10.86	-11.17	-11.65	-11.26

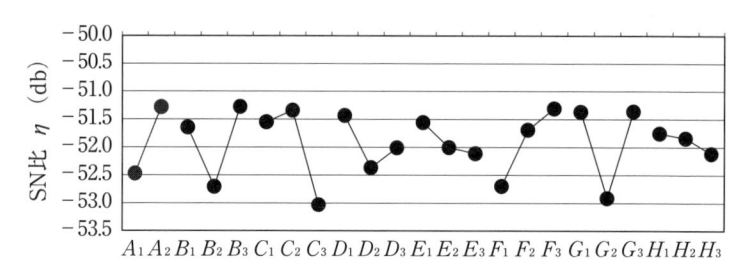

図 12.2　SN 比に対する要因効果図

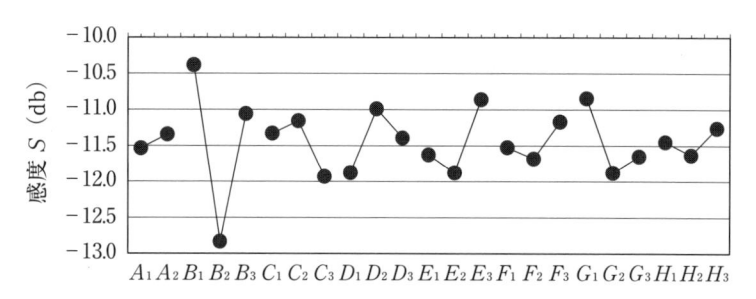

図 12.3　感度に対する要因効果図

　この補助表にもとづいて,水準別の効果をグラフで示したものを**要因効果図**
(graph of factorial effects)と呼ぶ(**図 12.2**, **図 12.3**).

12.3　交互作用とその扱い

　品質工学では交互作用を研究しないことが推奨されている.その理由につい
て,ニューコメンとワットの蒸気機関の例で説明する.

　蒸気機関は,産業革命の原動力となった発明であり,それまで馬や牛に頼っ
ていた重労働を,蒸気機関に置き換えることが可能となった.

　図 12.4 は,初期に使われたニューコメンの蒸気機関である.ボイラーで発

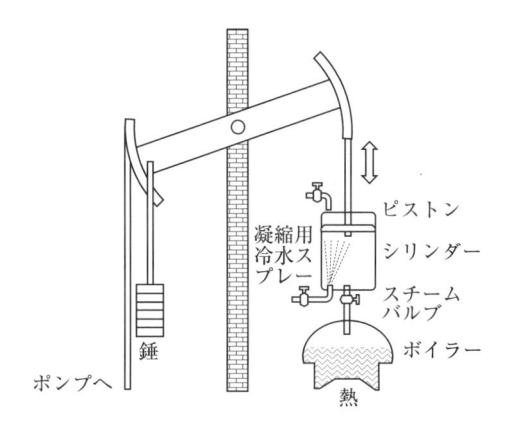

図 12.4 ニューコメンの蒸気機関

生させた水蒸気をピストンに送り込み，ピストンを押し上げアームが上昇する．また，ピストン内に冷水をスプレーすることで水蒸気を凝縮させて，ピストンを収縮させアームが下降する．この一連の作業を繰り返してアームを上下させることによって，この蒸気機関はポンプの水汲みなどに利用された．

　この蒸気機関の機能を詳しく分析した結果[3]によると，ピストンを上へ伸ばすという要求機能 1(FR_1)と，シリンダー内に真空をつくってピストンを下に引っ張るという要求機能 2(FR_2)がある．この要求機能を満たすために，蒸気の圧力という設計パラメータ 1(DP_1)と，蒸気の凝集でつくられたシリンダー内の真空という設計パラメータ 2(DP_2)が利用されていることがわかった．

　このような問題は，以下の設計方程式の形にまとめることができる．

$$\{\text{FR}\} = [A]\{\text{DP}\}$$

ここで，FR：要求機能，A：設計行列，DP：デザインパラメータである．

　先ほどのニューコメンの蒸気機関に，設計方程式を当てはめると，次式が成立する．

$$\begin{Bmatrix} \text{FR}_1 \\ \text{FR}_2 \end{Bmatrix} = \begin{bmatrix} X & X \\ X & X \end{bmatrix} \begin{Bmatrix} \text{DP}_1 \\ \text{DP}_2 \end{Bmatrix}$$

設計行列 A 内の X は，非 0 の値が入るという意味である．FR と DP に対

応関係があることを行列計算によって確認できる．この設計方程式と**図12.4**
とを見比べながら，ニューコメン蒸気機関の性能を改良する方法を考えてみる．

　FR_1 であるピストンを押し出す力を強めたい場合，蒸気の圧力 DP_1 を高め
れば良い．DP_1 を高めると，ピストンを下に縮める FR_2 に対しては，圧力が
なかなか下がらない逆の作用が働く．DP_2 の凝集用の冷却スプレーの性能を高
めると，今度はシリンダが冷やされ過ぎて FR_1 のピストンがなかなか上昇し
ない問題が生じる．DP_1 も DP_2 もどちらも蒸気機関の機能を高めるのには必
要な設計パラメータではあるが，FR_1 か FR_2 のどちらかの性能を弱める働きが
ある．これを DP_1 と DP_2 との間には，交互作用が存在するという．

　公理的設計[3]の考えによると，独立設計もしくは準独立設計でないと良い効
果は得られず，それを満足する解は，設計行列が対角行列か三角行列のいずれ
かでなければならないとされている．つまり，ニューコメン蒸気機関は，いく
ら工夫を加えても，思ったほどの性能が出ないということである．

　一方，ニューコメン蒸気機関の発明から 64 年後の 1769 年に現れたワットの
蒸気機関の原理図を**図12.5**に示す．

　ワットの蒸気機関では，復水器を別の場所に設置し，蒸気注入の機能と，蒸
気凝集の機能とを物理的に切り離すことが行われている．この設計方程式を記
述すると以下となり，FR_1 と FR_2 はそれぞれ別のデザインパラメータ DP_1，
DP_2 によりコントロールされるようになっている．

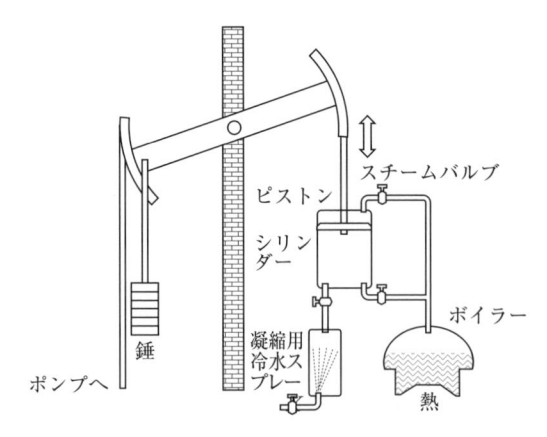

図12.5　ワットの蒸気機関

$$\begin{Bmatrix} \mathrm{FR_1} \\ \mathrm{FR_2} \end{Bmatrix} = \begin{bmatrix} X & 0 \\ 0 & X \end{bmatrix} \begin{Bmatrix} \mathrm{DP_1} \\ \mathrm{DP_2} \end{Bmatrix}$$

ワットの出現で，蒸気機関は 64 年の歳月を経て，初めて実用的な蒸気機関へと進化した．この事例から導かれるのは，コントロール性の良い，筋の良い設計案を見つけるのが大事ということである．交互作用を研究することは，労力だけが多くて得られる効果は少ない可能性がある．交互作用の研究をせず，主効果の高い設計パラメータを探す研究を進める意味を理解していただきたい．

12.4 ま と め

この章では，直交表の性質とその効果について説明した．2 もしくは 3 パラメータの全組合せ条件実験である 2 元配置実験，3 元配置実験による実験結果の 2 乗和が，平均値と差の変動に分解されることを説明した．**12.2 節**では，実用的な直交表である，混合型 L_{18} 直交表による直交実験を取り上げ，その具体的な計算方法と，要因効果図による結果の読み取り方を示した．**12.3 節**では，交互作用の現象について蒸気機関の例を挙げて説明を行い，品質工学で交互作用を研究しないことが推奨されている意味について説明をした．

この章では，直交表による実験回数の効率化の面だけを説明している．それよりも大事な直交表の役割を，次章のパラメータ設計のなかで説明する．特性値の適正さの判定や，再現性の有無の検査，最適条件を総合判断させる効果という観点での直交表の使われ方についてである．

第 13 章では，**第 9 章**から**第 12 章**までの計算方法を使用して，外乱に対して安定したシステムの設計条件を見つけ出す，パラメータ設計の方法を解説する

演 習 問 題

[**演習 12.1**] 表 12.6 の補助表を使い，制御因子 $B_1 \sim B_3$, $C_1 \sim C_3$ の平均値を求め比較せよ．

[**演習 12.2**] L_{18} 直交表の制御因子数と水準数での，実験条件組合せの総数を計算せよ．

参 考 文 献

[1] 長谷部光雄：『開発現場で役立つ品質工学の考え方—機能展開・データ解析・パラメータ設計のポイント』，日本規格協会，2010.

[2] 下田博司：「カイロの品質工学」，『品質工学』，Vol. 3，No. 6，pp. 28-34，1995.

[3] Suh Nam, P.(著)，中尾政之，飯野謙次，畑村洋太郎(訳)：『公理的設計—複雑なシステムの単純化設計』，森北出版，2004.

第 13 章

パラメータ設計

外乱に対しても安定して機能を発揮するシステムの設計条件を見つけ出す作業がパラメータ設計である.

設計の第1段階でばらつきを減少させて, 次に目標値へと合わせる第2段階目の設計へと進めていく.

13.1 パラメータ設計の手順

パラメータ設計では, ばらつきを減らすという目的で, 以下に示す一連の作業ステップにより, 第1段目の設計を実施する.

[ステップ1] システムチャートを埋める準備をする

図9.3に示したシステムチャートを作成するための作業を行う. どのような基本原理がシステムで成立するかを考える. また, 実際に操作可能な入力や, 測定可能な出力を列挙する. 基本原理を考えても実際に測定できなければ先に進めないため, 現状で最も合理的な測定手段も考慮しつつ, 入出力の候補を列挙する. ばらつきの要因についても, 既に実験や経験的にわかっている内容があれば列挙する. また制御可能な要因を列挙し, これらをまとめておく.

[ステップ2] 理想機能を検討する

技術的観点から, 入力と出力との間に, どのような関係を要求したいかを検討する. また, 物理法則として成立可能な関係を理想機能として設定するかど

うか，などを検討する．11.1 節の機能を表すモデルなども参考にする．

［ステップ 3］動特性の入出力関係と誤差因子を決める

　何を入出力関係とするか，何を出力として測定するか，入力としての信号因子，外乱としての誤差因子を決定する．信号因子，誤差因子に具体的な内容を割り当てて，それぞれの水準値をいくらにするかを決める．複数の誤差因子が多重に影響を与えている状況を想定して，誤差因子の組合せを考え，出力が大きくなる組合せと，小さくなる組合せ条件の誤差因子 N_1 と N_2 を決定する．

［ステップ 4］具体的な設計パラメータを決める

　制御因子に具体的な内容を割り当てて，それぞれの水準値をいくらにするかを決める．

［ステップ 5］設計パラメータの組合せ条件を設定する

　制御因子とその水準を L_{18} 直交表の列に A から順に 1 列目から割り付け，18 種類の設計パラメータ値の組合せをつくる．このなかに，現実に実験が実施不可能な組合せが起きていないか，あらかじめ確認しておく．

［ステップ 6］直交実験を実施して出力値を測定する

　誤差因子として設定した外乱を与えた状態で，L_{18} 直交表によって指示された 18 種類の条件ごとに実験を実施し，データを採取する．

［ステップ 7］SN 比計算により機能性を数値化する

　直交表 L_{18} の各 No. ごとに，動特性の SN 比と感度を計算する．信号 M の水準が 3 水準の場合には，誤差因子 N_1 と N_2 で計測した合計 6 個ずつのデータを使って SN 比と感度を算出する．

［ステップ 8］要因効果図を作成する

　各実験 No. の SN 比から，制御因子の水準が同じ SN 比の水準平均を計算し，SN 比の要因効果図を作成する．同様に感度の要因効果図を作成する．

［ステップ9］利得の推定を行う

要因効果図から，ばらつきが減ることになる SN 比の高くなる制御因子の組合せを見つける．また，SN 比にはあまり影響を与えず，感度を大きく変える制御因子を探しておく．

第1段階の最適化を行う．制御因子の水準を組み合わせて，SN 比が高くなる，すなわち最適パラメータ値を決定する．

SN 比と感度について最適条件（optimum condition）の推定値と参照条件の推定値との差である利得（gain）をそれぞれ求める．

最適条件とは，SN 比が最も高くなると期待される制御因子の水準組合せ条件のことである．参照条件とは，既に動いているシステムの場合，現状構成を指す．新規の開発などで既存条件がない場合には，最適条件と最悪条件の中心となる水準を選択する．

［ステップ10］確認実験の実施と再現性を確認する

次に，最適条件と判断された水準で再度実験を行って，データを採取する．また，参照条件の水準で同様にデータを採取する．それぞれの実験データから確認値として SN 比と感度を計算する．

前のステップで得られた推定値からの利得と，確認実験データからの確認値の利得の一致性を確認する．

確認実験では，結果の絶対値を比較するのではなく，利得を比較する．ここで差の再現性を問題とするのは，改善率の再現性を重視するためである．

おおよそ利得の一致がある場合には，この実験の信頼性は高く，実運用においても再現性があると判断する．

［ステップ11］第2段階の最適化を行う

出力を目標値へ調整する方法として，入力を変化させて調整する．入出力関係そのものに目標の傾きがある場合には，感度の要因効果図にもとづいて制御因子の水準を変化させて傾きを調整する．

[ステップ12] 実験結果の再検討を行う

　再現性が確認されなかった場合には，実験内容の検討を行い，次の新たな実験内容の検討を行う．

　ここでは，計測機の計測精度を高める開発事例[1]を使って，パラメータ設計の考え方と手順を説明する．

　直径が数ミクロンの微粒子表面に存在する物質を定量的に計測する技術を開発しようとしている[1]．今回，計測精度を2倍に高める(SN 比で 6 db 以上)ことを目標として開発を進めている．

13.1.1　システムチャートの検討

　ステップ1〜4 に相当する部分である．最終的なシステムチャートが出来上がるまで，ステップ1〜4 を行き来することになる．

　基本機能はシステムを評価するために必要な内容であり，過去に実績のないシステムの場合には，基本機能にかかわる情報がほとんどないので，簡単な実験でいくつかグラフを描いてみて，基本機能として何がふさわしいかを検討することが望ましい場合もある．

　ゼロ点比例式を基本機能とする場合には，直線的な比例が基本である．比例的ではあるが，曲線カーブを示すシステムの場合は，非線形成分は，常に誤差として加算されるため，外乱ノイズによる影響を正しく検出できない場合がある．そのような場合には，変数変換したり，標準 SN 比の方法を検討する必要がある．

13.1.2　機能性の評価

　ステップ2，3 に相当する部分である．各実験 No.で SN 比を求めるために行う実験構成を考える．計測対象にストレス条件を与えた実験，すなわち機能性の評価を行うために必要な実験について検討する．多数の誤差因子を組み合わせた状態での機能性の評価が，本来行う必要のある実験である．しかし，取り上げる誤差因子が増えるほど実験回数が増えてしまうため，誤差因子を調合して，2条件に集約した実験を検討する．今回の事例では，以下のようになる．

統計の工学的利用 Ⅲ

　測定機による検出量は，前処理工程の気温や作業者の違いで差が出てくることがわかっている．そこで，読み値が大きくなる水準の組合せと，小さくなる水準の組合せで誤差因子を2水準設定した（表 13.1）．信号因子は材料の含有量から理論的計算で得られる表面露出量で，表 13.2 で示される値である．

表 13.1　誤差因子の設定

記号	N	
因子名	気温	作業者
水準 1	30℃	初心者
水準 2	15℃	熟練者

表 13.2　信号因子と水準

記号	因子名	水準 1	水準 2	水準 3
M	理論値	0.025	0.1	0.5

13.1.3　直 交 実 験

　ステップ5〜8に相当する部分である．制御因子として，前処理工程から A：混合速度，B：サンプル量，C：液量，D：濃度，E：温度，F：撹拌時間1，G：撹拌時間2，H：装置条件の8因子を選定した．なお，現状の水準は，A_2, B_2, C_2, D_2, E_2, F_1, G_3, H_2 で行われている．表 13.3 に制御因子と水準を示し，＊のついている水準が，現状の水準である．

表 13.3　制御因子と水準値

記号	A	B	C	D	E	F	G	H
因子名	混合速度	サンプル量	液量	濃度	温度	撹拌時間1	撹拌時間2	装置条件
水準 1	速い	少	少	低	低	短＊	短	A
水準 2	遅い＊	中＊	中＊	中＊	中＊	中	中	b＊
水準 3		多	多	高	高	長	長＊	C

制御因子を直交表 L_{18} に割り付け，外側に信号因子 M を 3 水準，誤差因子 N を 2 水準割り付けた実験結果は表 13.4 のとおりになった．

表 13.4　実験結果

No.	A	B	C	D	E	F	G	H	M_1		M_2		M_3	
	1	2	3	4	5	6	7	8	N_1	N_2	N_1	N_2	N_1	N_2
1	1	1	1	1	1	1	1	1	0.046	0.040	0.068	0.056	0.235	0.276
2	1	1	2	2	2	2	2	2	0.052	0.036	0.085	0.078	0.293	0.311
3	1	1	3	3	3	3	3	3	0.071	0.079	0.111	0.109	0.327	0.321
4	1	2	1	1	2	2	3	3	0.043	0.037	0.072	0.050	0.224	0.246
5	1	2	2	2	3	3	1	1	0.058	0.038	0.083	0.082	0.283	0.252
6	1	2	3	3	1	1	2	2	0.076	0.074	0.104	0.131	0.371	0.404
7	1	3	1	2	1	3	2	3	0.030	0.027	0.062	0.065	0.278	0.298
8	1	3	2	3	2	1	3	1	0.044	0.036	0.108	0.086	0.354	0.361
9	1	3	3	1	3	2	1	2	0.035	0.028	0.045	0.043	0.274	0.231
10	2	1	1	3	3	2	2	1	0.082	0.092	0.111	0.097	0.440	0.379
11	2	1	2	1	1	3	3	2	0.066	0.082	0.144	0.102	0.260	0.341
12	2	1	3	2	2	1	1	3	0.132	0.157	0.180	0.127	0.392	0.415
13	2	2	1	2	3	1	3	2	0.055	0.047	0.108	0.095	0.307	0.301
14	2	2	2	3	1	2	1	3	0.061	0.054	0.107	0.103	0.370	0.378
15	2	2	3	1	2	3	2	1	0.077	0.055	0.046	0.269	0.239	0.068
16	2	3	1	3	2	3	1	2	0.040	0.027	0.082	0.081	0.326	0.341
17	2	3	2	1	3	1	2	3	0.033	0.034	0.064	0.045	0.389	0.269
18	2	3	3	2	1	2	3	1	0.045	0.037	0.087	0.091	0.270	0.289

この実験結果から，各実験 No. の SN 比を求める．ここでは，エネルギー比型 SN 比により計算を行う．実験 No. 1 については，

$$r = M_1^2 + M_2^2 + M_3^2 = 0.025^2 + 0.1^2 + 0.5^2 = 0.26063$$

$$L_1 = M_1 y_{11} + M_2 y_{12} + M_3 y_{13} = 0.025 \times 0.046 + 0.1 \times 0.068 + 0.5 \times 0.235$$

$$= 0.12545$$

$$L_2 = M_1 y_{21} + M_2 y_{22} + M_3 y_{23} = 0.025 \times 0.040 + 0.1 \times 0.056 + 0.5 \times 0.276$$

$$= 0.14460$$

$$S_T = y_{11}^2 + y_{12}^2 + y_{13}^2 + y_{21}^2 + y_{22}^2 + y_{23}^2$$
$$= 0.046^2 + 0.068^2 + 0.235^2 + 0.040^2 + 0.056^2 + 0.276^2$$
$$= 0.14288$$

$$S_\beta = \frac{(L_1 + L_2)^2}{2r} = 0.13991$$

$$S_N = S_T - S_\beta = 0.00297$$

No.	S_T	r	L_1	L_2	S_β	S_N
1	0.14288	0.26063	0.12545	0.14460	0.13991	0.00297

$$\eta_1 = 10 \log_{10} \frac{S_\beta}{S_N} = 10 \log_{10} \frac{0.13991}{0.00297} = 10 \log_{10} 47.11 = 16.731 \quad \text{(db)}$$

感度 S については,

$$\beta_{N0} = \frac{1}{n} \sum_{i=1}^{n} \frac{L_i}{r} = \frac{(L_1 + L_2)}{2r} = \frac{0.1255 + 0.1446}{2 \times 0.26063} = 0.5181$$

$$S_1 = 10 \log_{10} \beta_{N0}^2 = 10 \log_{10} 0.5181^2 = -5.712 \quad \text{(db)}$$

したがって, SN 比 η と感度 S は以下となる.

η	S
16.732 [db]	-5.712 [db]

その他の実験 No. 2～18 も SN 比と感度を計算して, **表 13.5** が得られた.

この結果から補助表(**表 13.6**, **表 13.7**)を作成し, 要因効果図(**図 13.1**, **図 13.2**)としてまとめる.

要因効果図を作成することにより, 各制御因子が与える影響を視覚化することができる. 各水準を結んだ線の長さが長いものは, その制御因子がばらつき, もしくは出力の大きさを大きく変化させることを示している. また, 因子を割り付けていない線分の変化は, 制御因子として挙げなかった何らかの因子の影響である. この線の振れ幅よりも大きな他の制御因子のみが, 有効なばらつきを与え, 他の制御因子の変化は誤差に埋もれるということがグラフから読み取れる.

SN 比と感度の要因効果図を作成したときに, それぞれの制御因子の高い水

表13.5　L_{18}直交実験結果のSN比と感度

No.	A 1	B 2	C 3	D 4	E 5	F 6	G 7	H 8	SN比	感度
1	1	1	1	1	1	1	1	1	16.732	−5.712
2	1	1	2	2	2	2	2	2	18.453	−4.224
3	1	1	3	3	3	3	3	3	13.379	−3.466
4	1	2	1	1	2	2	3	3	16.858	−6.410
5	1	2	2	2	3	3	1	1	15.293	−5.201
6	1	2	3	3	1	1	2	2	15.152	−1.985
7	1	3	1	2	1	3	2	3	24.176	−4.737
8	1	3	2	3	2	1	3	1	20.413	−2.770
9	1	3	3	1	3	2	1	2	18.800	−5.946
10	2	1	1	3	3	2	2	1	14.903	−1.578
11	2	1	2	1	1	3	3	2	10.451	−4.002
12	2	1	3	2	2	1	1	3	9.426	−1.444
13	2	2	1	2	3	1	3	2	15.466	−4.054
14	2	2	2	3	1	2	1	3	18.033	−2.346
15	2	2	3	1	2	3	2	1	−0.547	−8.844
16	2	3	1	3	2	3	1	2	23.051	−3.423
17	2	3	2	1	3	1	2	3	14.354	−3.671
18	2	3	3	2	1	2	3	1	16.612	−4.817

表13.6　SN比の補助表（水準別平均）

水準	A 第1列	B 第2列	C 第3列	D 第4列	E 第5列	F 第6列	G 第7列	H 第8列
第1水準	17.695	13.891	18.531	12.775	16.859	15.257	16.889	13.901
第2水準	13.527	13.376	16.166	16.571	14.609	17.276	14.415	16.895
第3水準		19.568	12.137	17.489	15.366	14.300	15.530	16.038

準を選択していくと，SN比と感度で異なる結果が得られる．しかし，2段階
設計の考え方では，感度が低くなっても，まずはSN比の高い結果を選択し，
その後，感度（出力）を目標値へ合わせることが原則である．2段階目の設計で

表 13.7 感度の補助表（水準別平均）

水準	A 第1列	B 第2列	C 第3列	D 第4列	E 第5列	F 第6列	G 第7列	H 第8列
第1水準	−4.495	−3.404	−4.319	−5.764	−3.933	−3.273	−4.012	−4.821
第2水準	−3.798	−4.807	−3.703	−4.080	−4.519	−4.220	−4.173	−3.939
第3水準		−4.228	−4.417	−2.595	−3.986	−4.946	−4.253	−3.679

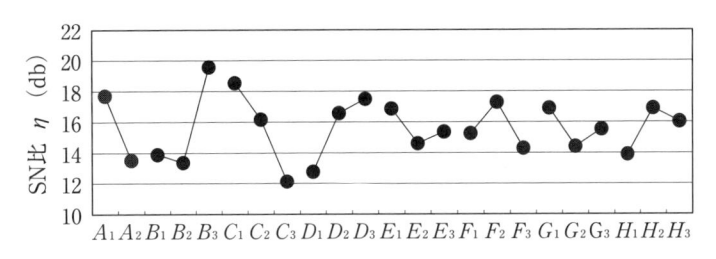

図 13.1 SN 比に対する要因効果図

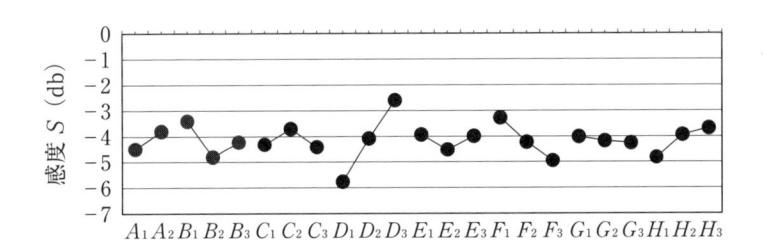

図 13.2 感度に対する要因効果図

感度調整をすると，SN 比が低くなる場合もあるが，妥協するしかないと考える．SN 比の振れ方が，制御因子の変化に対して単調増加か減少を示していれば，その範囲内は実験で調査済みとみなせるが，その幅を超えた範囲は未調査である．場合によっては水準を変えた再実験を行う必要が出るかもしれない．

13.1.4 確認実験と再現性の評価

ステップ 9〜11 に相当する部分である．SN 比の推定値を求めるには，各因子の要因効果を加算することより

$$推定 \text{SN} 比(\text{db}) = 全平均 + (因子 A の要因効果) + \cdots$$
$$+ (因子 H の要因効果)$$

表13.8　最適条件と参照条件

水準	A 第1列	B 第2列	C 第3列	D 第4列	E 第5列	F 第6列	G 第7列	H 第8列	
第1水準	17.70	13.89	18.53	12.77	16.86	15.26	16.89	13.90	
第2水準	13.53	13.38	16.17	16.57	14.61	17.28	14.42	16.90	全平均
第3水準		19.57	12.14	17.49	15.37	14.30	15.53	16.04	15.61

参照条件の水準	2	2	2	2	2	1	3	2
SN比の推定値	13.53 12.65	13.38	16.17	16.57	14.61	15.26	15.53	16.90
最適条件の水準	1	3	1	3	1	2	1	2
SN比の推定値	17.70 31.92	19.57	18.53	17.49	16.86	17.28	16.89	16.90

参照条件と最適条件のSN比の推定値を求めると，**表13.8**になる.

参照条件のSN比(db)

$$= \overline{T} + (\overline{A_2} - \overline{T}) + (\overline{B_2} - \overline{T}) + (\overline{C_2} - \overline{T}) + (\overline{D_2} - \overline{T}) + (\overline{E_2} - \overline{T}) + (\overline{F_1} - \overline{T})$$
$$+ (\overline{G_3} - \overline{T}) + (\overline{H_2} - \overline{T})$$
$$= 15.61 + (13.53 - 15.61) + (13.38 - 15.61) + (16.17 - 15.61)$$
$$+ (16.57 - 15.61) + (14.61 - 15.61) + (15.26 - 15.61)$$
$$+ (15.53 - 15.61) + (16.90 - 15.61)$$
$$= 12.65$$

最適条件のSN比(db)

$$= \overline{T} + (\overline{A_1} - \overline{T}) + (\overline{B_3} - \overline{T}) + (\overline{C_1} - \overline{T}) + (\overline{D_3} - \overline{T}) + (\overline{E_1} - \overline{T}) + (\overline{F_2} - \overline{T})$$
$$+ (\overline{G_1} - \overline{T}) + (\overline{H_2} - \overline{T})$$
$$= 15.61 + (17.70 - 15.61) + (19.57 - 15.61) + (18.53 - 15.61)$$
$$+ (17.49 - 15.61) + (16.86 - 15.61) + (17.28 - 15.61)$$
$$+ (16.89 - 15.61) + (16.90 - 15.61)$$
$$= 31.92$$

これより，利得の推定を行うと，**表13.9**になる.

表 13.9 SN 比の利得の推定

条件	SN 比（db）推定値
最適条件	31.92
参照条件	12.65
差（利得）	19.27

SN 比の利得の推定値 $\Delta\eta$ (db) = 最適条件の SN 比 − 参照条件の SN 比

$$= 31.92 - 12.65 = 19.27$$

同様に，感度の最適条件と参照条件の推定値も計算し，利得を計算しておく．
最適条件と参照条件で再度実験を行い，**表 13.10** の値が得られたとする．

表 13.10 確認実験の実験結果

条件	M_1 N_1	M_1 N_2	M_2 N_1	M_2 N_2	M_3 N_1	M_3 N_2
最適条件	0.025	0.024	0.085	0.084	0.455	0.442
参照条件	0.061	0.037	0.081	0.094	0.328	0.287

これより SN 比と感度を求めたうえで，確認値の利得を計算し，推定値と確認値との利得を比較する（**表 13.11**）．

推定値と確認値のそれぞれの利得が，ほぼ一致していれば，再現性があると判断してよい．技術的な観点にもとづいて総合的に判断する，というのが基本

表 13.11 利得の再現性の確認

条件	SN 比（db）推定値	SN 比（db）確認値	感度（db）推定値	感度（db）確認値
最適条件	31.92	34.55	−2.72	−0.96
初期条件	12.65	16.38	−3.35	−4.04
差（利得）	19.27	18.17	0.63	3.08

的な考え方である.

　SN 比の信頼区間を計算する理論展開[2]-[4]も可能となってきている. しかし, 信頼区間に収まることのみで再現性を判断するのではなく, 実際の効果の大きさに対する実用上の価値の大きさで, 再現性を判断することが必要といわれている. 例えば, 利得が 12 db と予測され, 確認実験が 8〜16 db ぐらいなら再現したと考える. 利得の予測が 3 db で確認実験の結果が 3 db ± 4 db でも再現したとはいえない. 4 db の利得のときに ± 2 db なら再現性があったとみてよい(参考文献[5] p. 334 田口玄一との問答から)[5]. この意味するところは, 利得は小さいが信頼区間に収まる確認実験の結果は, 数学的には満足されても, 工学的には効果が得られていないから, 失敗と考えるのである.

　再現性については, SN 比の再現性を必ず満たす必要がある. しかし, 感度の再現性は, 技術的な内容によっては, 必ずしも考慮しなくてもよい. パラメータ設計の第 2 段階では, 感度を目標値に合わせる必要がある. 目標値が傾きの場合には, 感度の再現性も考慮する必要がある. しかし, 一定値が目標の場合には, いくつかの技術的手段(制御因子を使うか, 信号を使うか)で目標値に合わせるチューニング作業ができるためである.

　ステップ 12 の再現性が確認されなかった場合には, 実験内容の検討を行い, 次の新たな実験内容の検討を行う. これについては, **13.3 節**で説明する. SN 比の信頼区間についても **13.3.6 項**で, さらに説明を加える.

　SN 比の利得の推定値を $\Delta\eta$ (db) とし, 確認実験の利得を $\Delta\eta'$ (db) とすると,

$$\Delta\eta = 19.27$$
$$\Delta\eta' = 18.17$$

　この結果より, 利得がほぼ一致していることから SN 比については再現性が得られていると判断する. 厳密には, 各 SN 比の利得の信頼性の範囲を求めたうえで, 推定値と確認値の利得を比較する必要があると思われるが, ここでは簡便法として, 経験則からの再現性の判断方法を紹介しておく. 目安として,

$$\Delta\eta' \leqq \Delta\eta \pm 30\ \%$$
$$\Delta S' \leqq \Delta S \pm 30\ \%$$

利得の推定値と確認実験値との差がおおよそ 30 %以内であれば，再現性があると判断する[1]．

ここで，利得の具体的な意味について考えてみよう．SN 比はばらつきの改善の指標であった．最適条件の SN 比を η_{opt}，参照条件の SN 比を η_{ref} とすると，

$$\varDelta\eta = \eta_{\mathrm{opt}} - \eta_{\mathrm{ref}} = 10\log\left(\frac{S_\beta}{S_N}\right)_{\mathrm{opt}} - 10\log\left(\frac{S_\beta}{S_N}\right)_{\mathrm{ref}}$$

例えば，利得が $\varDelta\eta = 3\,(\mathrm{db})$ と得られた場合，その真数を求めると，

$$\frac{\left(\dfrac{S_\beta}{S_N}\right)_{\mathrm{opt}}}{\left(\dfrac{S_\beta}{S_N}\right)_{\mathrm{ref}}} = 10^{\frac{\varDelta\eta}{10}} = 10^{\left(\frac{3}{10}\right)} = 2.0$$

であり，もし S_β が参照条件と最適条件で同じ値であったとした場合には，ばらつきの改善が，

$$\frac{\left(\dfrac{S_\beta}{S_N}\right)_{\mathrm{opt}}}{\left(\dfrac{S_\beta}{S_N}\right)_{\mathrm{ref}}} = \frac{S_{N_{\mathrm{ref}}}}{S_{N_{\mathrm{opt}}}} = \frac{S_{N_{\mathrm{ref}}}/f_N}{S_{N_{\mathrm{opt}}}/f_N} \cong \frac{\sigma_{\mathrm{ref}}^2}{\sigma_{\mathrm{opt}}^2} = 2.0$$

となることから，分散値としては半分となり，標準偏差で表した場合には $(\sigma_{\mathrm{ref}}/\sigma_{\mathrm{opt}}) = \sqrt{2.0} = 1.414$ から，$\sigma_{\mathrm{opt}} = \sigma_{\mathrm{ref}}/1.414 = 0.7\sigma_{\mathrm{ref}}$ 倍のばらつき減少効果が得られていることに相当する．

この場合の利得 3 db の大きさの価値は，技術的もしくは経済的観点から判断される必要があり，ばらつき σ_{opt} と金額とを結び付けた損失関数 L で，改善の効果が得られるかどうかを判断することになる．

ステップ 12 のチューニングについては，もしこれが技術開発の段階であれば，目標値へと合わせる作業は現段階では必要ない．ばらつきを減らすこと，すなわち計測精度の向上を目的としているためである．

一方，製品開発の段階であれば，ある目標値が設定されているため，チューニングの作業へと移る．要因効果図より SN 比の変化が小さくて感度の変化の大きい制御因子を用いて，感度の調整を行う．感度を大きく変化させる制御因子として D と F が見つかる．今回の例では，感度をさらに大きくする必要がある場合には，D は既に最適化で最大の水準を用いているので F を第 1 水準に設定した条件を最適条件とし，確認実験を行って利得の再現性を確認する．

13.2 直交表を用いるパラメータ設計の考え方

このパラメータ設計の一連の作業を，線形代数の観点から説明する[6]．パラメータ設計の前半では，次の作業を行っていた．

- 制御因子を列挙した実験を立案する．
- 実験番号ごとに，誤差因子水準ごとの測定を行う．
- SN 比 $u_1, \cdots, u_{18}$ を得て，制御因子水準別の要因効果を求める．

また，パラメータ設計の後半では，次の作業を行っていた．

- これにもとづく確認実験から，要因効果の加法性を確認する．
- 要因効果は，各因子の水準平均と SN 比の全平均 T との差で求める．

最終的には，各制御因子の各水準の水準平均値を算出しているので，これらを未知数として求める線型代数計算と考える．$A_1 \sim H_3$ の 23 個の制御因子の要因効果に対応する変数を，次のように定義する．

$$(a_1, a_2, b_1, b_2, b_3, \cdots, h_1, h_2, h_3)$$

これらは，各要因効果の最小二乗解であるため，全実験を過多連立一次方程式として得ることもできる．$a_1 \sim h_3$ を成分とする未知ベクトルを

$$\boldsymbol{X} = [a_1, a_2, b_1, b_2, b_3, \cdots, g_3, h_1, h_2, h_3]^{\mathrm{T}}$$

とし，18 個の SN 比から全平均 T を引いた結果をベクトル $\boldsymbol{Y}$

$$\boldsymbol{Y} = [u_1 - T, u_2 - T, \cdots, u_{18} - T]^{\mathrm{T}}$$

とする．要因効果の選択(直交表の水準)に応じて，該当する因子水準を選択する場合には 1 を，非選択では 0 とした行ベクトルをつくる．No.1 の場合には，

$$\boldsymbol{E}_1 = [1, 0, 1, 0, 0, 1, 0, 0, \cdots, 1, 0, 0]$$

となる．この列ベクトルに，内積 $\boldsymbol{E}_1 \cdot \boldsymbol{X}$ を掛けて

$$\boldsymbol{E}_1 \cdot \boldsymbol{X} = a_1 = (u_1 - T)$$

と 1 次方程式が得られる．全行(18 行)分を並べて，要因効果の和 =0 を表す行

ベクトル(例えば, $a_1 + a_2 = 0$ など)

$$C_1 = [1, 1, 0, 0, 0, \cdots, 0, 0, 0]$$

を拘束条件として, 8行追加して行列 A をつくる. また Y にも8個ゼロの成分を追加する. よって

$$X = [a_1, a_2, b_1, b_2, b_3, \cdots, g_3, h_1, h_2, h_3]^{\mathrm{T}}$$

$$Y = [y_1, y_2, \cdots, y_{18}, 0, 0, 0, 0, 0, 0, 0, 0]^{\mathrm{T}}$$

$$A = \begin{bmatrix} ---E_1--- \\ \vdots \\ ---E_{18}-- \\ ---C_1--- \\ \vdots \\ ---C_8--- \end{bmatrix}$$

$$AX = Y$$

を, X について最小二乗法で解けば, 各要因効果の平均値が求められる. X ($a_1 \sim h_3$ の23次元)が解をもつためには, Y が A の23本の列ベクトル(26成分)の線形結合になる必要がある.

$$AX = \begin{bmatrix} | & & | \\ x_1 a_1 + \cdots + x_{23} a_{23} \\ | & & | \end{bmatrix} = Y = \begin{bmatrix} y_1 \\ y_2 \\ \vdots \\ y_{26} \end{bmatrix}$$

Y は行列 A の列ベクトルで張られる空間 A に含まれなければならないが, 次元の違いや誤差などの理由により一致できない.

そこで, 偏差二乗 $\|Y - AX\|^2$ を最小とする, Y に最も近い空間 A 上の点である最小二乗解(Y の A への正射影 AX)の係数ベクトルとして X が定まる.

パラメータ設計の活動と対応させると, 以下のようになる. まず実験計画時には, 1次の効果の和で右辺が書けるはずという仮説を立てて, 制御因子の水準を割り当てる. しかし, 現実世界では, 非線形性や交互作用が含まれており, 検証が必要となってくる.

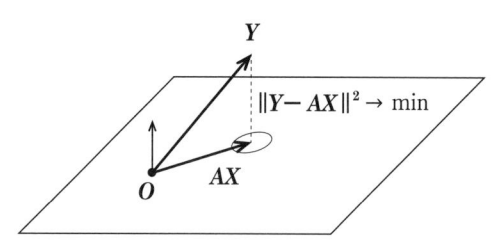

図 13.3　Y（方程式 26 本）から，X（未知数 23 個）を最小二乗解で解くイメージ図

確認実験で再現性があるときには，現実世界でも計画時の仮説が成立すると判断できることになる．この関係を表現したイメージを図 13.3 に示す．

13.3　パラメータ設計成功のポイント

ここまでで，一連のパラメータ設計を実施したことになるが，残念ながら期待したほどに利得や再現性が得られない場合がある．そのような場合には，各因子の不適切な定義や設定方法などの問題も疑いながら，実験内容を見直してみることが大事である．

品質工学のパラメータ設計は，その作業自体が，一つの評価ソフトウェアを組み上げているようなものであり，どこか 1 行でも不具合があれば，正常な動作は期待できない．部品の 1 個でも正常でないと，システムの期待した動作が得られないのと同じことが起きる．

ある開発内容が自分に課せられた際には，開発と同時に，評価方法も開発するのだという意識が必要である．品質工学のパラメータ設計を成功させるためには，そのような認識をもっている必要がある．

13.3.1　パラメータ設計の再検討方法

パラメータ設計が上手くいっていない場合の理由は，状況ごとにそれぞれ異なると考えられるが，ここでは典型的なケースについて説明する．

誤差因子の適切性の検討を行う．実験データをまずプロットする．誤差因子によって出力の傾きに変化が出ているかを確認する．誤差因子の振り幅について検討する．誤差因子の傾向が入れ替わっているか否かを調べる．入れ替わる状況が観察された場合は，未検討の誤差因子の影響が出ていることが考えられ

る.

　時間をかけて行った実験データを無駄にしないために，分割型の SN 比による解析方法を用いると再現性が確認される場合がある．解析方法の詳細については，他の教科書[7]を参考にされたい.

　交互作用の発生状況を確認する．要因効果図のなかに，右上がりや右下がりではなく山型や谷型のパターンが現れている場合には，交互作用が影響している場合がある.

　基本機能を再検討する．基本機能に，もっと根本で成立する関係を考えなおすことが必要である．そのためには，要求・仕様→目的機能の定義→システムの選択→要求・仕様を頭から除く→基本機能の定義の順に，内容を吟味すると良い基本機能が見つかる場合がある．詳細は他の教科書[8]を参考にされたい.

　特性値および加法性に利用する因子を再検討する．パラメータ設計は，最終的に利得の加法性を確認する作業を行うため，加法性のある特性値を使っている必要がある．特性値に加法性を示すものを使っているかどうかを見直す．また，要因効果からの推定計算の際に，連続量をもたない制御因子の分まで含めていないかどうかを見直す.

13.3.2　誤差因子の再設定

　誤差因子の振り幅については，パラメータ設計の場合には，誤差因子水準を設定したときに，出力幅が第 1 水準で $m-\sigma$，第 2 水準で $m+\sigma$ を与えることが推奨されている[9]．ここに，出力の平均を m，標準偏差を σ とする.

　機能性評価の場合，ストレス条件として大きめの誤差因子の水準をとることが望ましいとされている．誤差因子水準を，出力が第 1 水準で $[m-3\sigma, m-2\sigma]$，第 2 水準で $[m+2\sigma, m+3\sigma]$ の範囲に含まれることが推奨されている[9].

　また，誤差因子の出現傾向がよくわからない場合には，複数の誤差因子を 2 水準の直交実験を行って出現傾向を調べる．要因効果図を作成して，出力が大きくなる組合せと小さくなる組合せを見つけて，誤差因子の調合を行う.

13.3.3　直交する制御因子の再設定

　要因効果図に，山型，谷型のグラフが現れるのは，制御因子間に交互作用が

起きているからであり，制御因子の水準定義を工夫する必要がある．よく用いられる方法としては，水準ずらしがある．各制御因子の水準表を作成する際に，具体的な数値でなく相互に影響のある因子には，A の基準値から ±XX ％などと定義し，直交表に展開する際に具体的な値を計算して実験条件とする．

　制御因子の各水準に不連続な特性値を採用している場合には，山型，谷型の挙動には意味がない．例えば，異なる部品の使用などを割り付けている場合には，不連続な量を採用していることになる．この場合，制御因子の水準には大小はなく，SN 比の各水準値の間に線を結ぶ意味がないので，この場合には山型，谷型のグラフであっても交互作用があると判断はできない．

13.3.4　数式モデルの性質に沿う基本機能の適用

　基本機能は設計者の与える条件であるから，物理法則には従わなくても良いものの，11.1.3項で示した機能を表すデータ構造モデルに近い測定値の基本機能であるほど，加法性が得られやすい．他に基本機能が考えられないか，複数の基本機能を仮定しておいて，実験の際に同時に測定を行っておく．

13.3.5　加法性のある特性値（測定値）の利用

　11.3節でも述べたが，加法性のある特性値を用いているかどうかを確認する．対数の値から元の特性値に戻したときに矛盾を生じないかを確認し，必要な場合にはオメガ変換などを行った後に，SN 比の計算をする．要因効果図による推定と確認は，制御因子の連続的な変化量に対する，SN 比の変化を調べるのが目的である．このため制御因子の各水準に異なる部品を割り当てているような場合の要因効果図では，この水準間に連続性はなく，お互いを線でつなぐ意味がない．したがって，最適条件で SN 比が高くなる水準を選んでも，推定値の計算にその制御因子は含めるべきでない．

13.3.6　再現性の信頼区間（正規分布を仮定）

　第14章で説明する推測統計学では，測定データの誤差分布が，ある確率分布にもとづくことを前提に理論展開される．田口により開発された品質工学は，測定データが何らかの分布にもとづくことを前提に置かなくても利用可能であ

る．しかし，誤差分布が正規分布にもとづくとした場合には，現実世界の単純
化モデルにはなるが，SN 比の基本的な性質を詳しく調べることが可能となる．

　誤差分布に正規分布を仮定した場合には，田口の SN 比の信頼区間は，二重
非心 F 分布に従うことが知られている[2][3]．

　二重非心 F 分布はとても複雑な式をしており，この確率分布パーセント点
を精度良く求めることは，非常に難しいとされていた．この SN 比の信頼限界
については，既に田口による近似式[10]や数表[11]が作成されており，最近では，
井上らが数値解法によらない近似式を提案している[4]．しかし，利得の再現性
の信頼区間については，特性値の選び方や交互作用の影響なども関係してくる
ため，これまでは深くは議論されてこなかった経緯がある．今後はパラメータ
設計の再現性の信頼区間に関しても，研究が進んでいくことになろう．

13.4　ま　と　め

　この章では，パラメータ設計の考え方と，その一連の手順と仕組み，そして
パラメータ設計をうまく成功させるための注意点について説明した．

　13.1 節では，ばらつきを減らしてから目標値へ近づけるパラメータ設計の
手順を説明した．基本機能を定義し，L_{18} 直交実験を行って要因効果図を作成
し，最適条件の推定を行い，確認実験で再現性を確認することで，システムの
ばらつきを減らすことを実現する．その後，感度を目標に合わせるチューニン
グの作業を行う．SN 比があまり変化せずに感度が大きく変化する制御因子を
選ぶか，信号因子を用いて目標値へ近づけていく．

　13.2 節では，パラメータ設計の数学的な意味を線形代数の解法で説明した．

　13.3 節では，パラメータ実験の確認実験で，うまく再現性が得られなかっ
た場合の，基本的な検討項目について触れた．再現性が得られなくても，この
一連の実験で，多くの情報が得られていることを理解することは必要である．

　第 IV 部では，統計の科学的利用について，推測統計学の基本的な使われ方の
一例を挙げる．**第 14 章**では，点推定，区間推定，検定について説明する．

III 統計の工学的利用

演 習 問 題

[**演習 13. 1**] 田口の SN 比を用いて，13. 1 節のパラメータ設計を計算し，結果を比較せよ．

[**演習 13. 2**] 平均二乗対数損失型 SN 比を用いて，同様に計算し，結果を比較せよ．

参 考 文 献

[1]　井上清和，中野惠司，林裕人，芝野広志，大場章司：『入門パラメータ設計—Excel 演習でタグチメソッドの考え方と手順を体得できる』，日科技連出版社，2008.

[2]　前廣芳孝，高橋知也，松田眞一：「2 重非心 F 分布のパーセント点近似法を用いたタグチメソッドの SN 比の信頼区間」，『アカデミア情報理工学編』，11，pp. 55-75，2011.

　　　http://ci.nii.ac.jp/naid/120005445595/

[3]　永田靖：「統計的手法における SN 比」，第 1 回横幹連合総合シンポジウム，pp. 115-116，2006.

[4]　井上真吾，有薗育生，友廣亮介，竹本康彦，金川明弘：「平均と分散にもとづく 2 重非心 F 分布におけるパーセント点の近似法に関する考察」，『日本経営工学会論文誌』，Vol. 66，No. 3，pp. 218-229，2015.

　　　http://ci.nii.ac.jp/naid/130005107063/

[5]　吉澤正孝：『開発・設計段階の品質工学』，Vol. 1，日本規格協会，1988.

[6]　武田布千雄，三森智之，宮田一智，齋藤誠，小野元久：「空間図形表現と線型代数を活用した品質工学解析の視覚的教育」，第 22 回品質工学研究発表大会，東京，pp. 134-137，2014.

[7]　田口玄一，横山巽子：『ベーシックオフライン品質工学』，日本規格協会，2007.

[8]　中野惠司，大場章司，井上清和：『上級タグチメソッド—タグチメソッドの真髄を 3 つのポイントから重点的に明快に解説』，日科技連出版社，2009.

[9]　富士ゼロックス㈱ QC 研究会（編）：『疑問に答える実験計画法問答集』，日本規格協会，1989.

[10]　田口玄一：『統計解析 改訂新版』，丸善，1972.

[11]　田口玄一：『実験計画法 復刻版』，丸善，2010.

推定・検定

　統計の科学的利用の例として，推測統計学による点推定と区間推定，検定の代表的な方法を解説する．その他の推測統計学の応用には，ここでは触れない．

14.1　点　推　定

14.1.1　母平均の点推定

　点推定とは，標本 X_1, X_2, X_3, $\cdots$, X_n から母数の値を一つの統計量で推定する方法である．**第7章**では大数の法則から，標本数が多くなると，標本平均は，母平均に等しくなることが得られた．標本平均は，母平均の点推定に最もふさわしい統計量と考えて良いのであろうか．

　一般に，推定量の当てはまりの良さを表す基準として，一致性，不偏性，有効性，最尤性などの基準の与え方がある．このような複数の基準にもとづいた総合的な判断を行うことが望ましい．

　結論からいえば，母平均 μ に対する標本平均 $\overline{X}$ は，一致性，不偏性，有効性，最尤性を備えた統計量となっている．

　一致性とは母数を α，推定量を $\hat{a}_n(x_1, x_2, \cdots, x_n)$ としたとき，任意の $\varepsilon > 0$ に対して，

$$\lim_{n \to \infty} P(|\hat{a}_n - \alpha| < \varepsilon) = 1$$

が成立することである．またこれは次のように，平均が α に，分散が0に収

束するということと同じである.

$$\lim_{n \to \infty} \{E[\hat{a}_n] - a\} = 0, \quad \text{かつ} \quad \lim_{n \to \infty} V[\hat{a}_n] = 0$$

不偏性とは, $E[\hat{a}] = a$ が成立することである.

有効性とは, 母数 a の複数の推定量のうちで, 最も分散の小さい推定量を選ぶことであり, これを有効推定量という.

最尤性とは, 母数 a の母集団 $f(x|a)$ から抽出された標本 x_i の確率密度を $f(x_i|a)$ として, 尤度関数 L を a の関数とした

$$L = \prod_{j=1}^{n} f(x_j|a)$$

を最大にする $\hat{a}$ を与えることであり, a の推定値 $\hat{a}$ を**最尤推定量**という.

14.1.2　母比率の点推定

母比率とは, 母集団のなかのある特性をもつ集団の割合のことを指す. また, 標本の数を n, ある特性を備える標本数を r とする場合, **標本比率**は,

$$\hat{p} = \frac{r}{n}$$

で与えられる. その特性を備えるものと, 備えないものとで母集団の全体となることより, 平均と分散の期待値は, 二項分布 $B(n, p)$ に等しくなる.

[**例題**] ある駅前でスマートフォン普及率のアンケートを実施したところ, 350人中 300 人が使っていると答えた. スマートフォンの普及率を点推定せよ.

[**解答**] スマートフォンを使う人の割合を母比率 p とするとき, 母集団から n 人の標本を取り出し, スマートフォンを使う人が X 人だったとすると, X の分布は二項分布 $B(n, p)$ に従う.

標本比率 $\hat{p} = X/n$ より

$$E[\hat{p}] = \frac{E[X]}{n} = p, \quad V[\hat{p}] = \frac{V[X]}{n^2} = \frac{p(1-p)}{n}$$

$$\left(p = \frac{1}{2} \text{ で最大} \left(\frac{1}{2} \cdot \frac{1}{2} \right) \cdot \frac{1}{n} \right)$$

よって，標本比率は母比率の不偏推定量となっており，$n \to \infty$ で $V[\hat{p}] \to 0$ となることより，母比率の一致推定量となっている．

$$\therefore \frac{X}{n} = \frac{300}{350} = 0.8571 \fallingdotseq 85.7\%$$

14.2 区 間 推 定

14.2.1 母比率の区間推定

区間推定(interval estimation)とは，標本 X_1, X_2, X_3, $\cdots$, X_n から母数の値を，ある範囲で推定する方法である．母数の存在する区間を**信頼区間**(confidence interval)として定義するが，その区間に母数が入る確率を**信頼係数**(confidence coefficient)として設定して，区間の下限と上限 (a_L, a_H) の計算を行う．

この区間推定では，「XX は信頼度 95 %で，YY～ZZ の間にある．」といった表現が使われる．現実には母数は定数 a であるから，YY～ZZ の範囲を指定すれば，存在するかしないかは決まってしまうはずである．しかし，区間推定の意味するところは，同じ標本調査を繰り返したときに，母数 a が含まれるように区間 (a_L, a_H) が得られる確率が 95 %となるということである．

[**例題**] ある大学で，海外に行ったことのある学生を調べたところ，170 名の回答のなかで 102 名いた．この大学には海外経験の学生は何%いるかを信頼度 95 % で区間推定せよ．

[**解答**] n が十分大きいとき，二項分布が正規分布に近似することを利用する．母集団のなかで事象 A が起こる割合を p とし，大きさ n の標本で r 個事象が起こった標本比率を $\hat{p} = r/n$ とする．

したがって，この事象の確率変数 X は，近似的に正規分布 $N(np, np(1-p))$ に従うため，標本比率 $\hat{p}$ は，$N\left(p, \dfrac{p(1-p)}{n}\right)$ に従う．

また，標準化 $Z = \dfrac{\hat{p} - p}{\sqrt{\dfrac{p(1-p)}{n}}}$ により，Z は標準正規分布 $N(0, 1^2)$ に従う．

標準正規分布表(巻末の**付表 1** を参照)より，95 %(＝0.95)の信頼区間は，

$$\frac{0.95}{2} = 0.475 = P\,(0 \le Z \le 1.96)$$

であることより，$-1.96 \le Z \le 1.96$ で 95 %の確率で成立する．

$$\therefore -1.96 \le \frac{\hat{p}-p}{\sqrt{\dfrac{p\,(1-p)}{n}}} \le 1.96$$

$$(\hat{p}-p)^2 \le 1.96^2 \times \left(\frac{p\,(1-p)}{n}\right)$$

$$p^2 - 2\hat{p}p + \hat{p}^2 - \left(\frac{1.96^2}{n}p - \frac{1.96^2}{n}p^2\right) \le 0$$

$$\left(1 + \frac{1.96^2}{n}\right)p^2 - 2\left(\hat{p} + \frac{1.96^2}{2n}\right)p + \hat{p}^2 \le 0$$

$ax^2 + 2bx + c \le 0$ の解は，$\dfrac{-b-\sqrt{b^2-ac}}{a} \le x \le \dfrac{-b+\sqrt{b^2-ac}}{a}$ より

$$a = \left(1 + \frac{1.96^2}{n}\right), \quad b = \left(\hat{p} + \frac{1.96^2}{2n}\right)$$

n が十分大きいとき，$\dfrac{1.96^2}{2n} \to 0$ とみなせるので，以下が成立する．

$$\hat{p} - 1.96\sqrt{\frac{\hat{p}\,(1-\hat{p})}{n}} \le p \le \hat{p} + 1.96\sqrt{\frac{\hat{p}\,(1-\hat{p})}{n}}$$

ただし，$\hat{p} = \dfrac{r}{n}$

ここで，具体的な値として，$\hat{p} = \dfrac{r}{n} = \dfrac{102}{170} = 0.6$ を代入すると，

$$0.6 - 1.96\sqrt{\frac{0.6\,(1-0.6)}{170}} \le p \le 0.6 + 1.96\sqrt{\frac{0.6\,(1-0.6)}{170}}$$

$$\therefore 0.5263 \le p \le 0.6736$$

よって，52 %以上，67 %以下の学生に海外経験があると推定できる．

14.2.2 母平均の区間推定

推測統計学では多くの場合，母集団がある分布(例えば，正規分布)に従うことを前提に，その母集団から得られる標本 $X_1, X_2, \cdots, X_n$ について論じることが行われる．さらに標本は同じ母集団から無作為抽出されることで，それぞれの標本は等しい分布をもち，互いに独立という仮定から始められる．

正規分布には，正規分布に従う確率変数 X_1, X_2 の和も正規分布になるという，**再生性**(reproductive property)と呼ばれる性質がある．これから正規分布の母集団からの標本統計量も正規分布に従うという結果が導かれる．

しかしながら，標本数が十分大きくなければ，標本の統計量が正規分布を前提として良いかどうかが問題となってくる．

標本数が多くて標本も正規分布に従うとして展開される理論を，**大標本の理論**(large sample theory)と呼んでいる．

一方，標本数が少ない場合には，正規分布には従わず，他の分布(自由度 $n-1$ の t 分布)に従うとして展開される理論を，**小標本の理論**(small sample theory)と呼んでいる．小標本の理論は，大標本の理論よりも数学的に厳密な議論が可能である．したがって，大標本の理論という言葉は，標本数が多いときには必ず大標本の理論を使うということを意味しない．

母分散が既知の場合の例として，以下の問題を考える．

[例題] ある都市の 1,000 名の小学生を抽出し，1 日の勉強時間を調べたところ，平均が 80 分，標準偏差 35 分であった．この都市の小学生の勉強時間の平均を信頼度 95 ％で区間推定せよ．

[解答] 母集団が正規分布に従うとすると，標本平均 $\overline{X}$ は，平均 μ，標準偏差 $\sigma/\sqrt{n}$ の正規分布 $N(\mu, (\sigma/\sqrt{n})^2)$ に従う．ゆえに，信頼度 95 ％の区間は $P(|\overline{X}-\mu| \leq 1.96\sigma/\sqrt{n}) = 0.95$ より，標本平均値 m は，以下が成立する．

$$-\frac{1.96\sigma}{\sqrt{n}} \leq m-\mu \leq \frac{1.96\sigma}{\sqrt{n}}$$

したがって，以下の定理が成立する．

[定理]（大標本論）

$$m - \frac{1.96\,\sigma}{\sqrt{n}} \leq \mu \leq m + \frac{1.96\,\sigma}{\sqrt{n}}$$

（例題の解答の続き）

$n = 1000$, $m = 80$, $\sigma = 35$ を代入して,

$$77.8 \leq \mu \leq 82.2$$

次に母平均が未知の場合について，以下の問題を考える.

[例題] ある会社のポテトチップス菓子の袋の重量を調べたところ，10個の袋に対して，標本平均が58.1 g，標本標準偏差が0.5 gであった．このとき，信頼度95％の母平均の信頼区間を求めよ.

[解答] 標本数が小数であるため，標本分散は，母分散とみなすことができない.

母集団が正規分布 $N(\mu, \sigma^2)$ に従うとき，無作為抽出された標本 X_1, X_2, $\cdots$, X_n の標本平均を $\overline{X}_n$，標本分散を S_n^2 とすると,

$$t = \frac{\overline{X}_n - \mu}{\sqrt{\dfrac{S_n^2}{n-1}}}$$

は，自由度 $(n-1)$ のt分布に従うことが知られている．t分布は標準正規分布と同じく左右対称ではあるが，裾野が広がり中央がやや低い分布をしている.

いま，X が自由度 ϕ の分布に従うとき，上側確率が $P(X \geq x) = \alpha/2$ となる x を，$t(\phi, \alpha)$ と書く．この $t(\phi, \alpha)$ を利用して問題を解く場合には，t分布の確率密度分布にもとづいて確率計算を行う必要があるが，t分布表もしくは計算機を用いて必要な値を算出する．すると今回の問題については，統計量

$$t = \frac{m - \mu}{\sqrt{\dfrac{S_n^2}{n-1}}}$$

は，自由度 $(n-1)$ のt分布に従う．信頼度を $(1-\alpha)$ と与えたときに，上側確率が $P(t > t(n-1, \alpha)) = \alpha/2$ を満たす $t(n-1, \alpha) > 0$ を使うことで，以下が成立する.

$$P\left(-t\,(n-1,\,\alpha)\leqq\frac{m-\mu}{\sqrt{\dfrac{S_n^2}{n-1}}}\leqq t\,(n-1,\,\alpha)\right)=1-\alpha$$

これより以下の不等式が得られる.

$$-t\,(n-1,\,\alpha)\sqrt{\frac{S_n^2}{n-1}}\leqq m-\mu\leqq t\,(n-1,\,\alpha)\sqrt{\frac{S_n^2}{n-1}}$$

したがって,以下の定理が成立する.

［定理］（小標本論）

$$m-t\,(n-1,\,\alpha)\sqrt{\frac{S_n^2}{n-1}}\leqq\mu\leqq m+t\,(n-1,\alpha)\sqrt{\frac{S_n^2}{n-1}}$$

（例題の解答の続き）

$n=10$, $m=58.1$, $S_n=0.5$, $(1-\alpha)=0.95$ を代入して,また,$t\,(9,\,0.05)=2.262$ の値を t 分布表（巻末の**付表 6** を参照）から求めて,以下となる.

$$57.723\leqq\mu\leqq58.477$$

14.3 検 定

検定とは,母集団の母数や関係をあらかじめ仮定して,標本調査で得られたデータが,仮定した母集団の標本とみなせるかどうかの判断を行うことをいう.

検定の一つである F 検定は,等分散の検定のために使われることを,**第 10 章**の分散分析のところで具体的な使用方法を交えて述べた.ここでは検定に用いられる基本的な概念について説明する.検定の具体的な内容についてはここでは詳しく述べず,他の統計の教科書に譲る.

さて,検定では,2 つの仮説を立てて,危険率を設定し,その仮説での実現範囲を比較して,仮説を採るかどうかを決定する.

2 つの仮説として,帰無仮説と対立仮説を立てる.一つは,棄てられるために立てられる仮説,という意味で**帰無仮説**（null hypothesis）という.これを仮説 H とおく.また,本来疑問をもっていて,採りたい仮説を,**対立仮説**（alternative hypothesis）として設定する.これを仮説 H′ とおく.

まれな出来事であると判断する基準の確率 α のことを,**危険率**もしくは**有**

意水準(level of significance)という．仮説を採るかどうするかを決定する際，いくつかの誤りをおかす可能性がある．仮説 H が正しいにもかかわらず，仮説 H を棄てて仮説 H′を採る誤り，これを**第 1 種の過誤**(type I error)という．

　仮説 H′が正しいにもかかわらず，仮説 H を棄てずに仮説 H′を採らない誤りを**第 2 種の過誤**(type II error)という．この危険率を β で表す．

　統計的検定では，この 2 つの過誤を小さくするように決めていくことが望ましく，α を一定にして，β がより小さくなるように，危険域を設定していく．

　次の 3 つのケースのそれぞれ仮説の立て方と，検定の方法について述べる．

　今，正規分布 $N(\mu, \sigma^2)$ の母集団から，標本 $X_1, X_2, \cdots, X_n$ を取り出して標本平均 m が得られたとする．母分散 σ^2 は既知として，母平均 μ に対して，以下の 3 つのケースの検定を行うとした場合を考える．

　　① μ は，ある値 μ_0 と等しい

　　② μ は，ある値 μ_0 より小さい

　　③ μ は，ある値 μ_0 より大きい

これに対する，帰無仮説と対立仮説は，それぞれ以下となる．

　　① $\mathrm{H} : \mu = \mu_0$,　$\mathrm{H'} : \mu \neq \mu_0$

　　② $\mathrm{H} : \mu = \mu_0$,　$\mathrm{H'} : \mu < \mu_0$

　　③ $\mathrm{H} : \mu = \mu_0$,　$\mathrm{H'} : \mu > \mu_0$

　もし，帰無仮説 H が正しい場合には，

$$Z = \frac{\overline{X}_n - \mu_0}{\sqrt{\sigma^2/n}}$$

は，標準正規分布，$N(0, 1^2)$ に従う．そこで，z_0 を標準正規分布，$N(0, 1^2)$ に対して，以下で定める．

　　① $P(Z < z_0) + P(Z > z_0) = \alpha$ とし(これを両側検定という)，

　　$|m - \mu_0| > z_0\sqrt{\sigma^2/n}$

を満たせば，危険率 α で帰無仮説 H を棄却し，対立仮説 $\mathrm{H'} : \mu \neq \mu_0$ を採択．

　　② $P(Z < z_1) = \alpha$ とし(これを片側検定という)，$|m - \mu_0| > z_1\sqrt{\sigma^2/n}$

を満たせば，危険率 α で帰無仮説 H を棄却し，対立仮説 $\mathrm{H'} : \mu < \mu_0$ を採択．

　　③ $P(Z > z_2) = \alpha$ とし(これも片側検定)，$|m - \mu_0| > z_2\sqrt{\sigma^2/n}$

を満たせば，危険率 α で帰無仮説 H を棄却し，対立仮説 $\mathrm{H'} : \mu > \mu_0$ を採択．

14.4 ま と め

第14章では，推測統計学の推定と検定について説明した.

14.1節では点推定を，14.2節では区間推定を，それぞれ母平均，母比率の点推定，区間推定を，具体例を挙げて説明した.14.3節では，検定の考え方を説明した.

演 習 問 題

[**演習 14.1**] 14.2.1項の例題で，400名の回答で80名であった場合の区間推定を計算せよ.

[**演習 14.2**] 14.2.2項の菓子の例題で，$\mu = 30.1\,\mathrm{g}$，$S_n = 0.6\,\mathrm{g}$ の場合の信頼区間を求めよ.

参 考 文 献

[1]　林周二：『統計学講義 第2版』，丸善，1973.
[2]　服部哲弥：『統計と確率の基礎 第3版』，学術図書出版社，2014.
[3]　田口玄一：『実験計画法 復刻版』，丸善，2010.
[4]　田口玄一：『統計解析 改訂新版』，丸善，1972.
[5]　浅倉史興，竹居正登：『新基礎コース 確率・統計』，学術図書出版社，2014.
[6]　荒木勉(監修)，杉本英二，穴沢務(著)：『Excelで学ぶ経営科学シリーズⅡ 統計解析』，実教出版，2000.
[7]　松本裕行：『確率・統計の基礎』，学術図書出版社，2014.
[8]　荒木勉(監修)，穴沢務(著)：『Excelで学ぶ経営科学入門シリーズⅢ データ解析』，実教出版，2000.
[9]　廣瀬英雄，藤野友和：『確率と統計—Webアシスト演習付』，培風館，2015.

統計の科学的利用

付　表

付表 1　標準正規分布表

表中の数字は，全体の面積を 1 とした場合の，
$Z = 0$ から Z までの面積の値を示す．

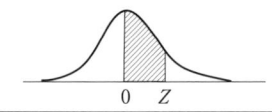

Z	0	0.01	0.02	0.03	0.04	0.05	0.06	0.07	0.08	0.09
0.0	0.00000	0.00399	0.00798	0.01197	0.01595	0.01994	0.02392	0.02790	0.03188	0.03586
0.1	0.03983	0.04380	0.04776	0.05172	0.05567	0.05962	0.06356	0.06749	0.07142	0.07535
0.2	0.07926	0.08317	0.08706	0.09095	0.09483	0.09871	0.10257	0.10642	0.11026	0.11409
0.3	0.11791	0.12172	0.12552	0.12930	0.13307	0.13683	0.14058	0.14431	0.14803	0.15173
0.4	0.15542	0.15910	0.16276	0.16640	0.17003	0.17364	0.17724	0.18082	0.18439	0.18793
0.5	0.19146	0.19497	0.19847	0.20194	0.20540	0.20884	0.21226	0.21566	0.21904	0.22240
0.6	0.22575	0.22907	0.23237	0.23565	0.23891	0.24215	0.24537	0.24857	0.25175	0.25490
0.7	0.25804	0.26115	0.26424	0.26730	0.27035	0.27337	0.27637	0.27935	0.28230	0.28524
0.8	0.28814	0.29103	0.29389	0.29673	0.29955	0.30234	0.30511	0.30785	0.31057	0.31327
0.9	0.31594	0.31859	0.32121	0.32381	0.32639	0.32894	0.33147	0.33398	0.33646	0.33891
1.0	0.34134	0.34375	0.34614	0.34849	0.35083	0.35314	0.35543	0.35769	0.35993	0.36214
1.1	0.36433	0.36650	0.36864	0.37076	0.37286	0.37493	0.37698	0.37900	0.38100	0.38298
1.2	0.38493	0.38686	0.38877	0.39065	0.39251	0.39435	0.39617	0.39796	0.39973	0.40147
1.3	0.40320	0.40490	0.40658	0.40824	0.40988	0.41149	0.41309	0.41466	0.41621	0.41774
1.4	0.41924	0.42073	0.42220	0.42364	0.42507	0.42647	0.42785	0.42922	0.43056	0.43189
1.5	0.43319	0.43448	0.43574	0.43699	0.43822	0.43943	0.44062	0.44179	0.44295	0.44408
1.6	0.44520	0.44630	0.44738	0.44845	0.44950	0.45053	0.45154	0.45254	0.45352	0.45449
1.7	0.45543	0.45637	0.45728	0.45818	0.45907	0.45994	0.46080	0.46164	0.46246	0.46327
1.8	0.46407	0.46485	0.46562	0.46638	0.46712	0.46784	0.46856	0.46926	0.46995	0.47062
1.9	0.47128	0.47193	0.47257	0.47320	0.47381	0.47441	0.47500	0.47558	0.47615	0.47670
2.0	0.47725	0.47778	0.47831	0.47882	0.47932	0.47982	0.48030	0.48077	0.48124	0.48169
2.1	0.48214	0.48257	0.48300	0.48341	0.48382	0.48422	0.48461	0.48500	0.48537	0.48574
2.2	0.48610	0.48645	0.48679	0.48713	0.48745	0.48778	0.48809	0.48840	0.48870	0.48899
2.3	0.48928	0.48956	0.48983	0.49010	0.49036	0.49061	0.49086	0.49111	0.49134	0.49158
2.4	0.49180	0.49202	0.49224	0.49245	0.49266	0.49286	0.49305	0.49324	0.49343	0.49361
2.5	0.49379	0.49396	0.49413	0.49430	0.49446	0.49461	0.49477	0.49492	0.49506	0.49520
2.6	0.49534	0.49547	0.49560	0.49573	0.49585	0.49598	0.49609	0.49621	0.49632	0.49643
2.7	0.49653	0.49664	0.49674	0.49683	0.49693	0.49702	0.49711	0.49720	0.49728	0.49736
2.8	0.49744	0.49752	0.49760	0.49767	0.49774	0.49781	0.49788	0.49795	0.49801	0.49807
2.9	0.49813	0.49819	0.49825	0.49831	0.49836	0.49841	0.49846	0.49851	0.49856	0.49861
3.0	0.49865	0.49869	0.49874	0.49878	0.49882	0.49886	0.49889	0.49893	0.49896	0.49900
3.1	0.49903	0.49906	0.49910	0.49913	0.49916	0.49918	0.49921	0.49924	0.49926	0.49929
3.2	0.49931	0.49934	0.49936	0.49938	0.49940	0.49942	0.49944	0.49946	0.49948	0.49950
3.3	0.49952	0.49953	0.49955	0.49957	0.49958	0.49960	0.49961	0.49962	0.49964	0.49965
3.4	0.49966	0.49968	0.49969	0.49970	0.49971	0.49972	0.49973	0.49974	0.49975	0.49976
3.5	0.49977	0.49978	0.49978	0.49979	0.49980	0.49981	0.49981	0.49982	0.49983	0.49983
3.6	0.49984	0.49985	0.49985	0.49986	0.49986	0.49987	0.49987	0.49988	0.49988	0.49989
3.7	0.49989	0.49990	0.49990	0.49990	0.49991	0.49991	0.49992	0.49992	0.49992	0.49992
3.8	0.49993	0.49993	0.49993	0.49994	0.49994	0.49994	0.49994	0.49995	0.49995	0.49995
3.9	0.49995	0.49995	0.49996	0.49996	0.49996	0.49996	0.49996	0.49996	0.49997	0.49997

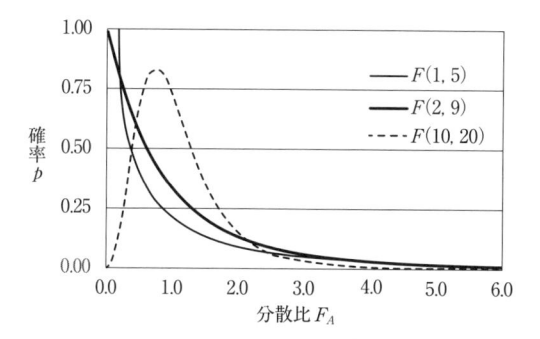

分散比 F_A

付表2　F 分布表（分散比）

分散比 F_A	$F(1, 5)$	$F(2, 9)$	$F(10, 20)$	分散比 F_A	$F(1, 5)$	$F(2, 9)$	$F(10, 20)$
0.0	3.77338	0.98787	0.00000	5.2	0.01961	0.01464	0.00103
0.2	0.75460	0.78728	0.11982	5.4	0.01815	0.01308	0.00080
0.4	0.47647	0.62602	0.51976	5.6	0.01684	0.01172	0.00062
0.6	0.34882	0.50238	0.79202	5.8	0.01564	0.01052	0.00048
0.8	0.27190	0.40659	0.82361	6.0	0.01455	0.00947	0.00038
1.0	0.21968	0.33165	0.71436	6.2	0.01356	0.00853	0.00030
1.2	0.18175	0.27249	0.56261	6.4	0.01266	0.00771	0.00024
1.4	0.15298	0.22541	0.41982	6.6	0.01183	0.00697	0.00019
1.6	0.13048	0.18765	0.30386	6.8	0.01107	0.00632	0.00015
1.8	0.11248	0.15714	0.21631	7.0	0.01038	0.00574	0.00012
2.0	0.09782	0.13233	0.15274	7.2	0.00974	0.00522	0.00010
2.2	0.08571	0.11201	0.10757	7.4	0.00915	0.00476	0.00008
2.4	0.07559	0.09528	0.07582	7.6	0.00860	0.00434	0.00006
2.6	0.06704	0.08142	0.05361	7.8	0.00810	0.00396	0.00005
2.8	0.05976	0.06989	0.03808	8.0	0.00764	0.00363	0.00004
3.0	0.05351	0.06023	0.02721	8.2	0.00720	0.00332	0.00003
3.2	0.04811	0.05212	0.01956	8.4	0.00680	0.00305	0.00003
3.4	0.04342	0.04526	0.01415	8.6	0.00643	0.00280	0.00002
3.6	0.03932	0.03945	0.01031	8.8	0.00609	0.00258	0.00002
3.8	0.03572	0.03449	0.00756	9.0	0.00576	0.00238	0.00002
4.0	0.03255	0.03026	0.00558	9.2	0.00546	0.00219	0.00001
4.2	0.02973	0.02663	0.00415	9.4	0.00518	0.00202	0.00001
4.4	0.02724	0.02350	0.00310	9.6	0.00492	0.00187	0.00001
4.6	0.02501	0.02079	0.00234	9.8	0.00468	0.00173	0.00001
4.8	0.02301	0.01845	0.00177	10.0	0.00445	0.00160	0.00001
5.0	0.02122	0.01641	0.00135				

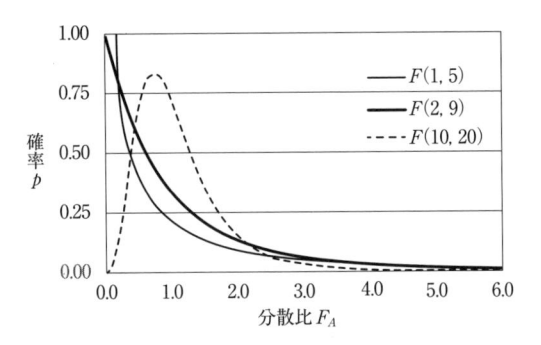

付表 3　P 値

分散比 F_A	$F(1, 5)$	$F(2, 9)$	$F(10, 20)$	分散比 F_A	$F(1, 5)$	$F(2, 9)$	$F(10, 20)$
0.0	1.00000	1.00000	1.00000	7.8	0.03832	0.01084	0.00006
0.3	0.60744	0.74795	0.97273	8.1	0.03599	0.00972	0.00004
0.6	0.47360	0.56936	0.79561	8.4	0.03386	0.00875	0.00003
0.9	0.38635	0.44023	0.55031	8.7	0.03190	0.00789	0.00002
1.2	0.32326	0.34516	0.34766	9.0	0.03010	0.00713	0.00002
1.5	0.27522	0.27402	0.21095	9.3	0.02844	0.00646	0.00001
1.8	0.23742	0.22000	0.12633	9.6	0.02690	0.00586	0.00001
2.1	0.20698	0.17845	0.07577	9.9	0.02548	0.00533	0.00001
2.4	0.18202	0.14610	0.04586	10.2	0.02416	0.00486	0.00001
2.7	0.16127	0.12063	0.02813	10.5	0.02294	0.00444	0.00001
3.0	0.14381	0.10039	0.01751	10.8	0.02180	0.00406	0.00000
3.3	0.12897	0.08415	0.01107	11.1	0.02074	0.00372	0.00000
3.6	0.11626	0.07100	0.00711	11.4	0.01975	0.00341	0.00000
3.9	0.10527	0.06028	0.00464	11.7	0.01883	0.00314	0.00000
4.2	0.09572	0.05148	0.00307	12.0	0.01796	0.00289	0.00000
4.5	0.08736	0.04419	0.00207	12.3	0.01715	0.00266	0.00000
4.8	0.08001	0.03813	0.00141	12.6	0.01639	0.00246	0.00000
5.1	0.07351	0.03305	0.00097	12.9	0.01568	0.00228	0.00000
5.4	0.06773	0.02878	0.00068	13.2	0.01501	0.00211	0.00000
5.7	0.06258	0.02516	0.00048	13.5	0.01438	0.00195	0.00000
6.0	0.05797	0.02209	0.00034	13.8	0.01379	0.00181	0.00000
6.3	0.05383	0.01946	0.00025	14.1	0.01323	0.00169	0.00000
6.6	0.05009	0.01720	0.00018	14.4	0.01270	0.00157	0.00000
6.9	0.04671	0.01525	0.00013	14.7	0.01220	0.00146	0.00000
7.2	0.04365	0.01357	0.00010	15.0	0.01172	0.00136	0.00000
7.5	0.04086	0.01211	0.00007				

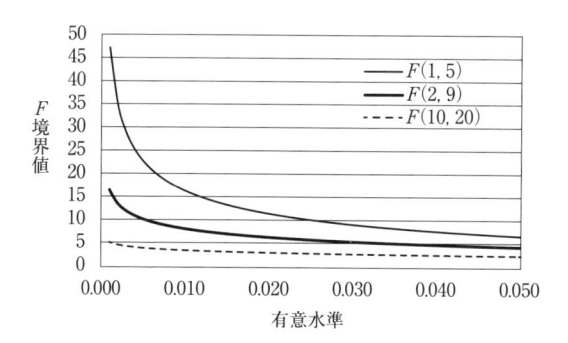

有意水準

付表4　F境界値

有意水準	$F(1,5)$	$F(2,9)$	$F(10,20)$	有意水準	$F(1,5)$	$F(2,9)$	$F(10,20)$
0.001	47.18078	16.38715	5.07525	0.027	9.58020	5.54149	2.72548
0.002	34.73251	13.40538	4.52470	0.028	9.38315	5.46067	2.70280
0.003	28.90165	11.86260	4.21814	0.029	9.19576	5.38330	2.68096
0.004	25.30336	10.84928	4.00712	0.030	9.01726	5.30912	2.65991
0.005	22.78478	10.10671	3.84700	0.031	8.84695	5.23790	2.63959
0.006	20.88808	9.52674	3.71840	0.032	8.68421	5.16944	2.61996
0.007	19.38938	9.05438	3.61117	0.033	8.52849	5.10355	2.60097
0.008	18.16418	8.65808	3.51938	0.034	8.37929	5.04005	2.58258
0.009	17.13680	8.31815	3.43924	0.035	8.23615	4.97879	2.56476
0.010	16.25818	8.02152	3.36819	0.036	8.09866	4.91964	2.54746
0.011	15.49488	7.75910	3.30442	0.037	7.96646	4.86246	2.53067
0.012	14.82322	7.52434	3.24661	0.038	7.83920	4.80714	2.51436
0.013	14.22583	7.31235	3.19378	0.039	7.71659	4.75357	2.49849
0.014	13.68970	7.11941	3.14515	0.040	7.59834	4.70165	2.48305
0.015	13.20480	6.94262	3.10013	0.041	7.48419	4.65130	2.46801
0.016	12.76330	6.77968	3.05822	0.042	7.37391	4.60243	2.45335
0.017	12.35895	6.62874	3.01903	0.043	7.26727	4.55495	2.43906
0.018	11.98671	6.48828	2.98224	0.044	7.16409	4.50881	2.42511
0.019	11.64245	6.35705	2.94758	0.045	7.06416	4.46393	2.41149
0.020	11.32275	6.23400	2.91482	0.046	6.96733	4.42026	2.39819
0.021	11.02478	6.11824	2.88377	0.047	6.87343	4.37773	2.38520
0.022	10.74612	6.00904	2.85427	0.048	6.78231	4.33629	2.37248
0.023	10.48472	5.90574	2.82616	0.049	6.69384	4.29590	2.36005
0.024	10.23885	5.80779	2.79933	0.050	6.60789	4.25649	2.34788
0.025	10.00698	5.71471	2.77367	0.051	6.52434	4.21805	2.33596
0.026	9.78781	5.62606	2.74908				

付表 5　F 分布表（5%, 1%）

$F(\phi_1, \phi_2 ; \alpha)$　$\alpha = 0.05$（細字）　$\alpha = 0.01$（太字）
$\phi_1 =$ 分子の自由度，$\phi_2 =$ 分母の自由度

ϕ_2	α	1	2	3	4	5	6	7	8	9	10	12	15	20	24	30	40	60	120	∞
1	0.05	161.	200.	216.	225.	230.	234.	237.	239.	241.	242.	244.	246.	248.	249.	250.	251.	252.	253.	254.
	0.01	4052.	5000.	5403.	5625.	5764.	5859.	5928.	5981.	6022.	6056.	6106.	6157.	6209.	6235.	6261.	6287.	6313.	6339.	6366.
2	0.05	18.5	19.0	19.2	19.2	19.3	19.3	19.4	19.4	19.4	19.4	19.4	19.4	19.4	19.5	19.5	19.5	19.5	19.5	19.5
	0.01	98.5	99.0	99.2	99.2	99.3	99.3	99.4	99.4	99.4	99.4	99.4	99.4	99.4	99.5	99.5	99.5	99.5	99.5	99.5
3	0.05	10.1	9.55	9.28	9.12	9.01	8.94	8.89	8.85	8.81	8.79	8.74	8.70	8.66	8.64	8.62	8.59	8.57	8.55	8.53
	0.01	34.1	30.8	29.5	28.7	28.2	27.9	27.7	27.5	27.3	27.2	27.1	26.9	26.7	26.6	26.5	26.4	26.3	26.2	26.1
4	0.05	7.71	6.94	6.59	6.39	6.26	6.16	6.09	6.04	6.00	5.96	5.91	5.86	5.80	5.77	5.75	5.72	5.69	5.66	5.63
	0.01	21.2	18.0	16.7	16.0	15.5	15.2	15.0	14.8	14.7	14.5	14.4	14.2	14.0	13.9	13.8	13.7	13.7	13.6	13.5
5	0.05	6.61	5.79	5.41	5.19	5.05	4.95	4.88	4.82	4.77	4.74	4.68	4.62	4.56	4.53	4.50	4.46	4.43	4.40	4.36
	0.01	16.3	13.3	12.1	11.4	11.0	10.7	10.5	10.3	10.2	10.1	9.89	9.72	9.55	9.47	9.38	9.29	9.20	9.11	9.02
6	0.05	5.99	5.14	4.76	4.53	4.39	4.28	4.21	4.15	4.10	4.06	4.00	3.94	3.87	3.84	3.81	3.77	3.74	3.70	3.67
	0.01	13.7	10.9	9.78	9.15	8.75	8.47	8.26	8.10	7.98	7.87	7.72	7.56	7.40	7.31	7.23	7.14	7.06	6.97	6.88
7	0.05	5.59	4.74	4.35	4.12	3.97	3.87	3.79	3.73	3.68	3.64	3.57	3.51	3.44	3.41	3.38	3.34	3.30	3.27	3.23
	0.01	12.2	9.55	8.45	7.85	7.46	7.19	6.99	6.84	6.72	6.62	6.47	6.31	6.16	6.07	5.99	5.91	5.82	5.74	5.65
8	0.05	5.32	4.46	4.07	3.84	3.69	3.58	3.50	3.44	3.39	3.35	3.28	3.22	3.15	3.12	3.08	3.04	3.01	2.97	2.93
	0.01	11.3	8.65	7.59	7.01	6.63	6.37	6.18	6.03	5.91	5.81	5.67	5.52	5.36	5.28	5.20	5.12	5.03	4.95	4.86
9	0.05	5.12	4.26	3.86	3.63	3.48	3.37	3.29	3.23	3.18	3.14	3.07	3.01	2.94	2.90	2.86	2.83	2.79	2.75	2.71
	0.01	10.6	8.02	6.99	6.42	6.06	5.80	5.61	5.47	5.35	5.26	5.11	4.96	4.81	4.73	4.65	4.57	4.48	4.40	4.31
10	0.05	4.96	4.10	3.71	3.48	3.33	3.22	3.14	3.07	3.02	2.98	2.91	2.85	2.77	2.74	2.70	2.66	2.62	2.58	2.54
	0.01	10.0	7.56	6.55	5.99	5.64	5.39	5.20	5.06	4.94	4.85	4.71	4.56	4.41	4.33	4.25	4.17	4.08	4.00	3.91
11	0.05	4.84	3.98	3.59	3.36	3.20	3.09	3.01	2.95	2.90	2.85	2.79	2.72	2.65	2.61	2.57	2.53	2.49	2.45	2.40
	0.01	9.65	7.21	6.22	5.67	5.32	5.07	4.89	4.74	4.63	4.54	4.40	4.25	4.10	4.02	3.94	3.86	3.78	3.69	3.60
12	0.05	4.75	3.89	3.49	3.26	3.11	3.00	2.91	2.85	2.80	2.75	2.69	2.62	2.54	2.51	2.47	2.43	2.38	2.34	2.30
	0.01	9.33	6.93	5.95	5.41	5.06	4.82	4.64	4.50	4.39	4.30	4.16	4.01	3.86	3.78	3.70	3.62	3.54	3.45	3.36
13	0.05	4.67	3.81	3.41	3.18	3.03	2.92	2.83	2.77	2.71	2.67	2.60	2.53	2.46	2.42	2.38	2.34	2.30	2.25	2.21
	0.01	9.07	6.70	5.74	5.21	4.86	4.62	4.44	4.30	4.19	4.10	3.96	3.82	3.66	3.59	3.51	3.43	3.34	3.25	3.17
14	0.05	4.60	3.74	3.34	3.11	2.96	2.85	2.76	2.70	2.65	2.60	2.53	2.46	2.39	2.35	2.31	2.27	2.22	2.18	2.13
	0.01	8.86	6.51	5.56	5.04	4.69	4.46	4.28	4.14	4.03	3.94	3.80	3.66	3.51	3.43	3.35	3.27	3.18	3.09	3.00
15	0.05	4.54	3.68	3.29	3.06	2.90	2.79	2.71	2.64	2.59	2.54	2.48	2.40	2.33	2.29	2.25	2.20	2.16	2.11	2.07
	0.01	8.68	6.36	5.42	4.89	4.56	4.32	4.14	4.00	3.89	3.80	3.67	3.52	3.37	3.29	3.21	3.13	3.05	2.96	2.87

例）$\phi_1 = 5$, $\phi_2 = 10$ に対する $F(\phi_1, \phi_2 ; 0.05)$ の値は，$\phi_1 = 5$ の列と $\phi_2 = 10$ の行の交わる点の上段の値（細字）3.33 で与えられる．

φ₂	φ₁=1	2	3	4	5	6	7	8	9	10	12	15	20	24	30	40	60	120	∞
16	4.49	3.63	3.24	3.01	2.85	2.74	2.66	2.59	2.54	2.49	2.42	2.35	2.28	2.24	2.19	2.15	2.11	2.06	2.01
	8.53	6.23	5.29	4.77	4.44	4.20	4.03	3.89	3.78	3.69	3.55	3.41	3.26	3.18	3.10	3.02	2.93	2.84	2.75
17	4.45	3.59	3.20	2.96	2.81	2.70	2.61	2.55	2.49	2.45	2.38	2.31	2.23	2.19	2.15	2.10	2.06	2.01	1.96
	8.40	6.11	5.18	4.67	4.34	4.10	3.93	3.79	3.68	3.59	3.46	3.31	3.16	3.08	3.00	2.92	2.83	2.75	2.65
18	4.41	3.55	3.16	2.93	2.77	2.66	2.58	2.51	2.46	2.41	2.34	2.27	2.19	2.15	2.11	2.06	2.02	1.97	1.92
	8.29	6.01	5.09	4.58	4.25	4.01	3.84	3.71	3.60	3.51	3.37	3.23	3.08	3.00	2.92	2.84	2.75	2.66	2.57
19	4.38	3.52	3.13	2.90	2.74	2.63	2.54	2.48	2.42	2.38	2.31	2.23	2.16	2.11	2.07	2.03	1.98	1.93	1.88
	8.18	5.93	5.01	4.50	4.17	3.94	3.77	3.63	3.52	3.43	3.30	3.15	3.00	2.92	2.84	2.76	2.67	2.58	2.49
20	4.35	3.49	3.10	2.87	2.71	2.60	2.51	2.45	2.39	2.35	2.28	2.20	2.12	2.08	2.04	1.99	1.95	1.90	1.84
	8.10	5.85	4.94	4.43	4.10	3.87	3.70	3.56	3.46	3.37	3.23	3.09	2.94	2.86	2.78	2.69	2.61	2.52	2.42
21	4.32	3.47	3.07	2.84	2.68	2.57	2.49	2.42	2.37	2.32	2.25	2.18	2.10	2.05	2.01	1.96	1.92	1.87	1.81
	8.02	5.78	4.87	4.37	4.04	3.81	3.64	3.51	3.40	3.31	3.17	3.03	2.88	2.80	2.72	2.64	2.55	2.46	2.36
22	4.30	3.44	3.05	2.82	2.66	2.55	2.46	2.40	2.34	2.30	2.23	2.15	2.07	2.03	1.98	1.94	1.89	1.84	1.78
	7.95	5.72	4.82	4.31	3.99	3.76	3.59	3.45	3.35	3.26	3.12	2.98	2.83	2.75	2.67	2.58	2.50	2.40	2.31
23	4.28	3.42	3.03	2.80	2.64	2.53	2.44	2.37	2.32	2.27	2.20	2.13	2.05	2.01	1.96	1.91	1.86	1.81	1.76
	7.88	5.66	4.76	4.26	3.94	3.71	3.54	3.41	3.30	3.21	3.07	2.93	2.78	2.70	2.62	2.54	2.45	2.35	2.26
24	4.26	3.40	3.01	2.78	2.62	2.51	2.42	2.36	2.30	2.25	2.18	2.11	2.03	1.98	1.94	1.89	1.84	1.79	1.73
	7.82	5.61	4.72	4.22	3.90	3.67	3.50	3.36	3.26	3.17	3.03	2.89	2.74	2.66	2.58	2.49	2.40	2.31	2.21
25	4.24	3.39	2.99	2.76	2.60	2.49	2.40	2.34	2.28	2.24	2.16	2.09	2.01	1.96	1.92	1.87	1.82	1.77	1.71
	7.77	5.57	4.68	4.18	3.85	3.63	3.46	3.32	3.22	3.13	2.99	2.85	2.70	2.62	2.54	2.45	2.36	2.27	2.17
26	4.23	3.37	2.98	2.74	2.59	2.47	2.39	2.32	2.27	2.22	2.15	2.07	1.99	1.95	1.90	1.85	1.80	1.75	1.69
	7.72	5.53	4.64	4.14	3.82	3.59	3.42	3.29	3.18	3.09	2.96	2.81	2.66	2.58	2.50	2.42	2.33	2.23	2.13
27	4.21	3.35	2.96	2.73	2.57	2.46	2.37	2.31	2.25	2.20	2.13	2.06	1.97	1.93	1.88	1.84	1.79	1.73	1.67
	7.68	5.49	4.60	4.11	3.78	3.56	3.39	3.26	3.15	3.06	2.93	2.78	2.63	2.55	2.47	2.38	2.29	2.20	2.10
28	4.20	3.34	2.95	2.71	2.56	2.45	2.36	2.29	2.24	2.19	2.12	2.04	1.96	1.91	1.87	1.82	1.77	1.71	1.65
	7.64	5.45	4.57	4.07	3.75	3.53	3.36	3.23	3.12	3.03	2.90	2.75	2.60	2.52	2.44	2.35	2.26	2.17	2.06
29	4.18	3.33	2.93	2.70	2.55	2.43	2.35	2.28	2.22	2.18	2.10	2.03	1.94	1.90	1.85	1.81	1.75	1.70	1.64
	7.60	5.42	4.54	4.04	3.73	3.50	3.33	3.20	3.09	3.00	2.87	2.73	2.57	2.49	2.41	2.33	2.23	2.14	2.03
30	4.17	3.32	2.92	2.69	2.53	2.42	2.33	2.27	2.21	2.16	2.09	2.01	1.93	1.89	1.84	1.79	1.74	1.68	1.62
	7.56	5.39	4.51	4.02	3.70	3.47	3.30	3.17	3.07	2.98	2.84	2.70	2.55	2.47	2.39	2.30	2.21	2.11	2.01
40	4.08	3.23	2.84	2.61	2.45	2.34	2.25	2.18	2.12	2.08	2.00	1.92	1.84	1.79	1.74	1.69	1.64	1.58	1.51
	7.31	5.18	4.31	3.83	3.51	3.29	3.12	2.99	2.89	2.80	2.66	2.52	2.37	2.29	2.20	2.11	2.02	1.92	1.80
60	4.00	3.15	2.76	2.53	2.37	2.25	2.17	2.10	2.04	1.99	1.92	1.84	1.75	1.70	1.65	1.59	1.53	1.47	1.39
	7.08	4.98	4.13	3.65	3.34	3.12	2.95	2.82	2.72	2.63	2.50	2.35	2.20	2.12	2.03	1.94	1.84	1.73	1.60
120	3.92	3.07	2.68	2.45	2.29	2.18	2.09	2.02	1.96	1.91	1.83	1.75	1.66	1.61	1.55	1.50	1.43	1.35	1.25
	6.85	4.79	3.95	3.48	3.17	2.96	2.79	2.66	2.56	2.47	2.34	2.19	2.03	1.95	1.86	1.76	1.66	1.53	1.38
∞	3.84	3.00	2.60	2.37	2.21	2.10	2.01	1.94	1.88	1.83	1.75	1.67	1.57	1.52	1.46	1.39	1.32	1.22	1.00
	6.63	4.61	3.78	3.32	3.02	2.80	2.64	2.51	2.41	2.32	2.18	2.04	1.88	1.79	1.70	1.59	1.47	1.32	1.00

注）　φ > 30 で，表にない F の値を求める場合は，120/φ を用い，1 次補間により求める。
出典）　森口繁一，日科技連数値表委員会（編）：『新編 日科技連数値表 第 2 版』，日科技連出版社，2009.

付表6　t分布表

$t(\phi, P)$

$\begin{pmatrix} 自由度\,\phi\ と両側確率\,P \\ とから\,t\ を求める表 \end{pmatrix}$

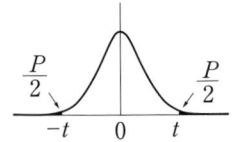

ϕ \ P	0.50	0.40	0.30	0.20	0.10	**0.05**	0.02	**0.01**	0.001	P \ ϕ
1	1.000	1.376	1.963	3.078	6.314	**12.706**	31.821	**63.657**	636.619	1
2	0.816	1.061	1.386	1.886	2.920	**4.303**	6.965	**9.925**	31.599	2
3	0.765	0.978	1.250	1.638	2.353	**3.182**	4.541	**5.841**	12.924	3
4	0.741	0.941	1.190	1.533	2.132	**2.776**	3.747	**4.604**	8.610	4
5	0.727	0.920	1.156	1.476	2.015	**2.571**	3.365	**4.032**	6.869	5
6	0.718	0.906	1.134	1.440	1.943	**2.447**	3.143	**3.707**	5.959	6
7	0.711	0.896	1.119	1.415	1.895	**2.365**	2.998	**3.499**	5.408	7
8	0.706	0.889	1.108	1.397	1.860	**2.306**	2.896	**3.355**	5.041	8
9	0.703	0.883	1.100	1.383	1.833	**2.262**	2.821	**3.250**	4.781	9
10	0.700	0.879	1.093	1.372	1.812	**2.228**	2.764	**3.169**	4.587	10
11	0.697	0.876	1.088	1.363	1.796	**2.201**	2.718	**3.106**	4.437	11
12	0.695	0.873	1.083	1.356	1.782	**2.179**	2.681	**3.055**	4.318	12
13	0.694	0.870	1.079	1.350	1.771	**2.160**	2.650	**3.012**	4.221	13
14	0.692	0.868	1.076	1.345	1.761	**2.145**	2.624	**2.977**	4.140	14
15	0.691	0.866	1.074	1.341	1.753	**2.131**	2.602	**2.947**	4.073	15
16	0.690	0.865	1.071	1.337	1.746	**2.120**	2.583	**2.921**	4.015	16
17	0.689	0.863	1.069	1.333	1.740	**2.110**	2.567	**2.898**	3.965	17
18	0.688	0.862	1.067	1.330	1.734	**2.101**	2.552	**2.878**	3.922	18
19	0.688	0.861	1.066	1.328	1.729	**2.093**	2.539	**2.861**	3.883	19
20	0.687	0.860	1.064	1.325	1.725	**2.086**	2.528	**2.845**	3.850	20
21	0.686	0.859	1.063	1.323	1.721	**2.080**	2.518	**2.831**	3.819	21
22	0.686	0.858	1.061	1.321	1.717	**2.074**	2.508	**2.819**	3.792	22
23	0.685	0.858	1.060	1.319	1.714	**2.069**	2.500	**2.807**	3.768	23
24	0.685	0.857	1.059	1.318	1.711	**2.064**	2.492	**2.797**	3.745	24
25	0.684	0.856	1.058	1.316	1.708	**2.060**	2.485	**2.787**	3.725	25
26	0.684	0.856	1.058	1.315	1.706	**2.056**	2.479	**2.779**	3.707	26
27	0.684	0.855	1.057	1.314	1.703	**2.052**	2.473	**2.771**	3.690	27
28	0.683	0.855	1.056	1.313	1.701	**2.048**	2.467	**2.763**	3.674	28
29	0.683	0.854	1.055	1.311	1.699	**2.045**	2.462	**2.756**	3.659	29
30	0.683	0.854	1.055	1.310	1.697	**2.042**	2.457	**2.750**	3.646	30
40	0.681	0.851	1.050	1.303	1.684	**2.021**	2.423	**2.704**	3.551	40
60	0.679	0.848	1.045	1.296	1.671	**2.000**	2.390	**2.660**	3.460	60
120	0.677	0.845	1.041	1.289	1.658	**1.980**	2.358	**2.617**	3.373	120
∞	0.674	0.842	1.036	1.282	1.645	**1.960**	2.326	**2.576**	3.291	∞

出典）　森口繁一，日科技連数値表委員会(編)：『新編　日科技連数値表　第2版』，日科技
連出版社，2009.

付表7　直交表 L_{18} $(2^1×3^7)$ および L_{18} $(6^1×3^6)$

行＼列	1	2	3	4	5	6	7	8	12′
1	1	1	1	1	1	1	1	1	1
2	1	1	2	2	2	2	2	2	1
3	1	1	3	3	3	3	3	3	1
4	1	2	1	1	2	2	3	3	2
5	1	2	2	2	3	3	1	1	2
6	1	2	3	3	1	1	2	2	2
7	1	3	1	2	1	3	2	3	3
8	1	3	2	3	2	1	3	1	3
9	1	3	3	1	3	2	1	2	3
10	2	1	1	3	3	2	2	1	4
11	2	1	2	1	1	3	3	2	4
12	2	1	3	2	2	1	1	3	4
13	2	2	1	2	3	1	3	2	5
14	2	2	2	3	1	2	1	3	5
15	2	2	3	1	2	3	2	1	5
16	2	3	1	3	2	3	1	2	6
17	2	3	2	1	3	1	2	3	6
18	2	3	3	2	1	2	3	1	6

注1)　1，2列の代わりに 12′ 列を入れることで，L_{18} $(6^1×3^6)$ となる．
注2)　L_{18} $(2^1×3^7)$ の割り付けの型をここに示す．

付表8　直交表 $L_{36}\,(2^{11}\times3^{12})$ および $L_{36}\,(2^{3}\times3^{13})$

行＼列	1	2	3	4	5	6	7	8	9	10	11	12	13	14	15	16	17	18	19	20	21	22	23	1′	2′	3′	4′
1	1	1	1	1	1	1	1	1	1	1	1	1	1	1	1	1	1	1	1	1	1	1	1	1	1	1	1
2	1	1	1	1	1	1	1	1	1	1	1	2	2	2	2	2	2	2	2	2	2	2	2	1	1	1	1
3	1	1	1	1	1	1	1	1	1	1	1	3	3	3	3	3	3	3	3	3	3	3	3	1	1	1	1
4	1	1	1	1	1	2	2	2	2	2	2	1	1	1	1	2	2	2	2	3	3	3	3	1	2	2	1
5	1	1	1	1	1	2	2	2	2	2	2	2	2	2	2	3	3	3	3	1	1	1	1	1	2	2	1
6	1	1	1	1	1	2	2	2	2	2	2	3	3	3	3	1	1	1	1	2	2	2	2	1	2	2	1
7	1	1	2	2	2	1	1	1	2	2	2	1	1	2	3	1	2	3	3	1	2	2	3	2	1	2	1
8	1	1	2	2	2	1	1	1	2	2	2	2	2	3	1	2	3	1	1	2	3	3	1	2	1	2	1
9	1	1	2	2	2	1	1	1	2	2	2	3	3	1	2	3	1	2	2	3	1	1	2	2	1	2	1
10	1	2	1	2	2	1	2	2	1	1	2	1	1	3	2	1	3	2	3	2	1	3	2	2	2	1	1
11	1	2	1	2	2	1	2	2	1	1	2	2	2	1	3	2	1	3	1	3	2	1	3	2	2	1	1
12	1	2	1	2	2	1	2	2	1	1	2	3	3	2	1	3	2	1	2	1	3	2	1	2	2	1	1
13	1	2	2	1	2	2	1	2	1	2	1	1	3	2	1	3	2	1	3	3	2	1	2	1	1	1	2
14	1	2	2	1	2	2	1	2	1	2	1	2	1	3	2	1	3	2	1	1	3	2	3	1	1	1	2
15	1	2	2	1	2	2	1	2	1	2	1	3	2	1	3	2	1	3	2	2	1	3	1	1	1	1	2
16	1	2	2	2	1	2	2	1	2	1	1	1	2	3	2	1	1	3	2	3	3	2	1	1	2	2	2
17	1	2	2	2	1	2	2	1	2	1	1	2	3	1	3	2	2	1	3	1	1	3	2	1	2	2	2
18	1	2	2	2	1	2	2	1	2	1	1	3	1	2	1	3	3	2	1	2	2	1	3	1	2	2	2
19	2	1	2	2	1	1	2	2	1	2	1	2	1	3	3	1	2	2	1	2	3	3	1	2	1	2	2
20	2	1	2	2	1	1	2	2	1	2	1	3	2	1	1	2	3	3	2	3	1	1	2	2	1	2	2
21	2	1	2	2	1	1	2	2	1	2	1	1	3	2	2	3	1	1	3	1	2	2	3	2	1	2	2
22	2	1	2	1	2	2	2	1	1	1	2	2	3	1	2	3	3	1	2	1	1	3	2	2	2	1	2
23	2	1	2	1	2	2	2	1	1	1	2	3	1	2	3	1	1	2	3	2	2	1	3	2	2	1	2
24	2	1	2	1	2	2	2	1	1	1	2	1	2	3	1	2	2	3	1	3	3	2	1	2	2	1	2
25	2	1	1	2	2	2	1	2	2	1	1	1	3	2	1	3	2	3	2	3	1	2	2	1	1	1	3
26	2	1	1	2	2	2	1	2	2	1	1	2	1	3	2	1	3	1	3	1	2	3	3	1	1	1	3
27	2	1	1	2	2	2	1	2	2	1	1	3	2	1	3	2	1	2	1	2	3	1	1	1	1	1	3
28	2	2	2	1	1	1	1	2	2	2	1	1	3	2	3	1	3	2	3	1	3	2	3	1	2	2	3
29	2	2	2	1	1	1	1	2	2	2	1	2	1	3	1	2	1	3	1	2	1	3	1	1	2	2	3
30	2	2	2	1	1	1	1	2	2	2	1	3	2	1	2	3	2	1	2	3	2	1	2	1	2	2	3
31	2	2	1	2	1	2	1	1	1	1	2	2	1	3	3	3	2	3	2	2	1	2	1	2	1	2	3
32	2	2	1	2	1	2	1	1	1	1	2	3	2	1	1	1	3	1	3	3	2	3	2	2	1	2	3
33	2	2	1	2	1	2	1	1	1	1	2	1	3	2	2	2	1	2	1	1	3	1	3	2	1	2	3
34	2	2	1	1	2	1	2	1	2	2	1	2	1	2	3	1	2	1	3	2	3	3	1	2	2	1	3
35	2	2	1	1	2	1	2	1	2	2	1	3	2	3	1	2	3	2	1	3	1	1	2	2	2	1	3
36	2	2	1	1	2	1	2	1	2	2	1	1	3	1	2	3	1	3	2	1	2	2	3	2	2	1	3

注1)　1, 2, ……, 11列の代わりに 1′, 2′, 3′, 4′ を入れて, $L_{36}\,(2^{3}\times3^{13})$ となる.

注2)　$L_{36}\,(2^{11}\times3^{12})$ では, 交互作用は他の列と直交しないから, そのような交互作用を求める割り付けは避けたほうがよい.

注3)　$L_{36}\,(2^{3}\times3^{13})$ のほうのみについて割り付けの型をここに示す.

索　引

著者紹介

楢原　弘之（ならはら　ひろゆき）　執筆箇所：第6章〜第14章
九州工業大学　情報工学部　機械情報工学科　教授
1987年　東京大学大学院　工学系研究科　修士課程修了（精密機械工学）
1988年　北海道大学　工学部　精密工学科　助手
1995年　博士（工学）（北海道大学）
1996年　九州工業大学　情報工学部　機械システム工学科　助教授
主な著書
『機械製作要論』（分担執筆，養賢堂）

宮城　善一（みやぎ　ぜんいち）　執筆箇所：第1章〜第5章
明治大学　理工学部　機械工学科　教授
1989年　明治大学大学院　理工学研究科　博士後期課程修了（工学博士）
1991年　通商産業省工業技術院計量研究所
1997年　米国商務省国立技術研究所（NIST）客員研究員
1999年　明治大学　理工学部　機械工学科　助教授
主な著書
『実験とデータ解析の進め方』（共著，日科技連出版社），『MOT教育の総合的研究』
（分担執筆，白桃書房），『基礎から学ぶ品質工学』（分担執筆，日本規格協会），『接着
ハンドブック　第3版』（分担執筆，日刊工業新聞社）

品質設計のための確率・統計と実験データの解析

2017 年 4 月 23 日　第 1 刷発行

著　者　楢原　弘之
　　　　宮城　善一
発行人　田中　　健

発行所　株式会社　日科技連出版社
〒151-0051　東京都渋谷区千駄ケ谷 5-15-5
DS ビル
電　話　出版　03-5379-1244
　　　　営業　03-5379-1238

検　印
省　略

Printed in Japan　　印刷・製本　東港出版印刷株式会社